Hernández Martínez
Andreo Martínez

# Aplicación de enmiendas orgánicas a suelos degradados

**Hernández Martínez**
**Andreo Martínez**

# Aplicación de enmiendas orgánicas a suelos degradados

## Efectos sobre la comunidad microbiana, la fijación de carbono y la naturaleza del suelo

**Editorial Académica Española**

**Imprint**

Any brand names and product names mentioned in this book are subject to trademark, brand or patent protection and are trademarks or registered trademarks of their respective holders. The use of brand names, product names, common names, trade names, product descriptions etc. even without a particular marking in this work is in no way to be construed to mean that such names may be regarded as unrestricted in respect of trademark and brand protection legislation and could thus be used by anyone.

Cover image: www.ingimage.com

Publisher:
Editorial Académica Española
is a trademark of
International Book Market Service Ltd., member of OmniScriptum Publishing Group
17 Meldrum Street, Beau Bassin 71504, Mauritius
Printed at: see last page
**ISBN: 978-620-3-58512-4**

# Índice

# 1. Definición, composición e importancia del suelo

La definición del suelo ha tenido diversos matices, en función de quién lo ha definido y de la época en que lo ha hecho. En los tiempos en que los pueblos empezaron a asentarse en un lugar y abandonaron su sistema nómada, el suelo adquirió valor en la medida en que se fue requiriendo para producir alimentos. En esta etapa el suelo se concebía como el sustrato indispensable para el suministro de nutrientes y de agua y como soporte para las plantas. Esta concepción de suelo empezó a cambiar hacia principios del siglo XIX, cuando el suelo empezó a mirarse en un contexto naturalista y a considerarse como un cuerpo natural [1].

El glosario de términos de suelos de la Sociedad Americana de la Ciencia del Suelo recoge dos definiciones para el término suelo [2]:

- Es el material no consolidado en la superficie de la tierra que sirve como medio natural para el crecimiento de las plantas terrestres.

- Es el material mineral no consolidado en la superficie de la tierra que ha estado sometido a la influencia de factores genéticos y ambientales: material parental, clima, macro y microorganismos y topografía. Todos actuando durante un lapso de tiempo y generando un producto: el suelo, que difiere del material del cual se derivó en varias propiedades y características físicas, químicas, biológicas y morfológicas.

Posteriormente, como consecuencia de la consideración de la influencia ambiental, de la sostenibilidad y de la sistémica, se elaboraron algunas definiciones un poco más holísticas del suelo:

- Jaramillo, S. [3] definió al suelo como aquella delgada capa, desde pocos centímetros hasta algunos metros de espesor, de material terroso, no consolidado, que se forma en la interfase atmósfera – biosfera – litosfera. En ella, interactúan elementos de la atmósfera e hidrosfera (aire, agua, temperatura, viento, etc.), de la litosfera (rocas, sedimentos) y de la biosfera y se realizan intercambios de materiales y energía entre lo inerte y lo vivo, constituyendo un sistema extremadamente complejo.

- Hillel [4] considera al suelo como un cuerpo natural involucrado en interacciones dinámicas con la atmósfera que está encima y con los estratos que están debajo, que influye el clima y el ciclo hidrológico del planeta y que sirve como medio de crecimiento para una variada comunidad de organismos vivos. Además, juega un papel ambiental preponderante como reactor bio-físico-químico que descompone materiales de desecho y recicla dentro de él nutrientes para la regeneración continua de la vida en la Tierra.

- Tarbuck and Lutgens [5] consideran la Tierra como un sistema dentro del cual el suelo es una interfase donde interactúan diferentes partes de aquel: la litosfera, la atmósfera, la hidrosfera y la biosfera. Debido a esto, el suelo es dinámico y sensible a prácticamente todos los aspectos de su entorno. Estos autores hacen énfasis en un hecho fundamental que sustenta la razón de ser de la Ciencia del

Suelo: El suelo no es simplemente el material producido por la meteorización que se ha acumulado en la superficie terrestre, es decir, el suelo no es el producto de la meteorización.

Más recientemente, la Agencia Europea de Medio Ambiente ha dado para el suelo la siguiente definición [6]:

"El suelo es un sistema natural, organizado e independiente, cuya formación se debe a la acción conjunta del clima, los organismos, la vegetación, el relieve y el tiempo sobre la roca madre, constituye una matriz de componentes orgánicos y minerales que engloba una red porosa por donde circulan líquidos y gases, albergando numerosas poblaciones de organismos vivos en una situación de equilibrio dinámico".

Con respecto a la composición del suelo, el perfil edáfico del suelo está constituido por capas llamadas horizontes, que se definen como una capa de suelo aproximadamente paralela a la superficie, con características producidas por los procesos de formación, la textura, el espesor, el color, la naturaleza química y la sucesión de los diferentes horizontes que caracterizan un suelo y determinan su calidad. Los niveles que resultan de los procesos de formación de un suelo se clasifican en seis grupos u horizontes principales: O, A, E, B, C, R, tal y como se muestra en la Figura 1 [7].

El horizonte O está compuesto principalmente por hojas, desechos animales, hongos y otros materiales orgánicos parcialmente descompuestos. El horizonte A es una mezcla porosa de materia orgánica descompuesta (humus), organismos vivos y algunas partículas minerales. El horizonte E es una zona de lavado e infiltración; la capa mineral en la que ocurren pérdidas de arcilla, minerales y cationes por lixiviación, generándose una acumulación. El horizonte B (iluvial) incluye las capas en las cuales tiene lugar la sedimentación proveniente de las capas superiores y a veces de las inferiores. Es la región de máxima acumulación de materiales como los óxidos de hierro, aluminio y de arcillas. El horizonte C es el material parental parcialmente descompuesto, zona poco afectada por procesos pedogéneticos, compuesta por sedimentos y fragmentos de roca.

Presenta acumulación de sílice, carbonatos y yeso. Por último, el horizonte R está constituido por el material parental, es una capa compuesta por rocas, difícil de penetrar excepto por fracturas.

La mayoría de los suelos desarrollados poseen al menos los horizontes A, B, C, otros suelos no tan desarrollados carecen de estos horizontes.

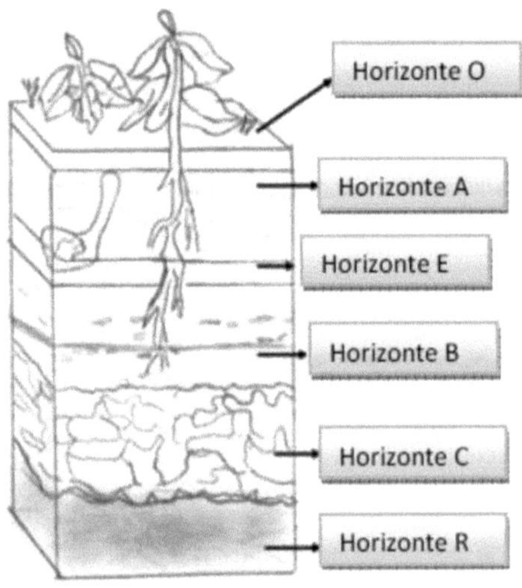


*Figura 1. Esquema que muestra un perfil de suelo y los distintos horizontes que lo conforman.*

Con respecto a la importancia del suelo, para la vida radica en su participación en el ciclo del agua y en los ciclos del carbono, nitrógeno y fósforo, además de servir como soporte en gran parte de las transformaciones de la energía y de la materia de los ecosistemas. Está considerado un recurso natural de características muy especiales ya que, si bien puede renovarse a lo largo de un ciclo más o menos largo, las pequeñas tasas de formación del suelo, comparadas con las enormes pérdidas que pueden producirse en un corto periodo de tiempo, por procesos de erosión acelerada, hacen que pueda ser contemplado como un recurso no renovable en la escala temporal del ser humano.

El suelo desempeña funciones de gran importancia para el sustento de la vida en el planeta tierra, es fuente de nutrientes, agua y aire para las plantas manteniendo la producción de biomasas y alimentos, actúa como medio filtrante, amortiguador y transformador, es el hábitat natural de miles de organismos, y el escenario donde ocurren los ciclos biogeoquímicos. En el suelo se llevan a cabo la mayoría de las actividades humanas, sirviendo de soporte físico y de infraestructura para la agricultura, actividades forestales, recreativas, y agropecuarias, así como de actividades socioeconómicas tales como vivienda, industria y carreteras [7]. Tiene la propiedad de retener sustancias mecánicamente o fijarlas por adsorción, así como de actuar como amortiguador y servir de acopio de materiales. Ambas características dependen fuertemente del contenido de materia orgánica presente en el mismo [8].

Como entidad viva, el suelo alberga una gran diversidad de organismos a los que les brinda nutrientes, sitio de desarrollo, etc., y dentro de ellos una parte importante la constituyen los microorganismos. Se consideran microorganismos del suelo aquéllos que miden < 200 µm. En esta categoría se encuentran los protozoos y algunos nematodos, así como bacterias, actinomicetos, hongos y algas. Las bacterias son organismos unicelulares cuyo tamaño no supera los 0,5 a 1 µm de diámetro y 2 µm de largo; y son las más numerosas en el suelo. El crecimiento microbiano más importante tiene lugar en la superficie de las partículas del suelo, normalmente en la zona conocida como rizosfera.

# 2.  Los microorganismos en el suelo

Dentro de los factores formadores del suelo, los microorganismos juegan un papel fundamental en la fertilidad del mismo ya que intervienen activamente en el proceso de degradación de la materia orgánica, gracias al cual se liberan elementos esenciales para la nutrición de las plantas [1], además de ser indispensables en los ciclos biogeoquímicos tanto del carbono, nitrógeno y fósforo como de muchos otros elementos.

Para que exista un adecuado crecimiento microbiano en el suelo, deben cumplirse ciertas condiciones y combinarse factores diversos, cuando algunos factores importantes, como temperatura, pH extremo, o contaminación química se imponen en un ambiente natural, la biota del suelo se ve afectada, así como los procesos que regulan estos microorganismos [9].

El número total de microorganismos en el suelo, su composición y actividad, están sujetos a diferentes variaciones geográficas. De primera importancia resulta la calidad y composición de las sustancias orgánicas en los suelos, ya que constituyen la base de la nutrición de los microorganismos, así como los regímenes hídricos y térmicos del suelo, que ejercen una influencia muy fuerte en su actividad vital.

El mayor papel en la formación del suelo desde el punto de vista biológico lo desempeña la vegetación y algunos microorganismos autotróficos (bacterias fotosintetizadoras y algas) que son las fuentes principales de la materia orgánica del suelo. Los demás microorganismos heterotróficos viven a cuenta de la materia orgánica, transformándola en el proceso de su actividad vital. Si no existiera esta acción microbiana, todos los nutrientes estarían concentrados en la materia orgánica sin descomponer, cambiando las formas de vida existentes actualmente. Sin embargo, esto no ocurre, ya que los microorganismos degradan la materia orgánica liberando elementos nutritivos asimilables para las plantas, completándose así el ciclo biológico de los nutrientes en el suelo. Así pues, la mayoría de los organismos del suelo son saprofíticos y juegan un papel fundamental en la descomposición y mineralización de los residuos orgánicos. Esto es particularmente importante en los ecosistemas naturales donde la descomposición de la materia orgánica es la principal fuente de nutrientes para el crecimiento vegetal. Los microorganismos utilizan el carbón, la energía y los nutrientes disponibles en la materia orgánica para producir nueva biomasa microbiana. La mineralización de los nutrientes por los microorganismos y a su vez, la degradación de los restos microbianos y la liberación por la fauna del suelo de los nutrientes contenidos dentro de la biomasa microbiana son elementos clave en la fertilidad del suelo.

Procesos tales como la mineralización y humificación de la materia orgánica se rigen en gran medida por reacciones de oxidación, reducción e hidrólisis, que como es sabido, son catalizadas por enzimas producidas por los microorganismos del suelo. La actividad enzimática del suelo es la responsable de la formación de moléculas orgánicas estables que contribuyen a la permanencia del ecosistema suelo, y está asimismo implicada, como ya se ha indicado en las reacciones relacionadas con el ciclo de nutrientes en el mismo.

Asimismo, la agregación del suelo es un fenómeno dinámico que afecta la retención y el movimiento del agua, el intercambio de gases, la germinación, el desarrollo de las raíces, la porosidad y la erosión. Perfect and Kay [10] demostraron que algunos componentes de la materia orgánica y el incremento en la actividad microbiana se correlacionan significativamente con la estabilidad de los agregados del suelo. Beare, Hendrix [11] apoyaron la hipótesis de que los microagregados son estabilizados por la materia orgánica más humificada y que su estabilidad aumenta conforme disminuye su tamaño. Por otra parte, Hillel [12] mencionó que las raíces de las especies vegetales y los microorganismos del suelo agregan las partículas por mecanismos complejos como adsorción, envoltura o enrollamiento físico y cementación por secreciones mucilaginosas.

Tanto los microorganismos del suelo como la actividad de las enzimas sintetizadas por los mismos, resultan de gran utilidad como indicadores de diferentes perturbaciones sufridas por el suelo, debido a que desempeñan un papel fundamental en el ecosistema. El estudio del estado biológico puede servir como un marcador del estatus del suelo, es decir, como un indicador de su calidad, lo cual irá ineludiblemente unido a la fertilidad natural de dicho suelo. Así, la estimación del estado biológico del suelo puede resultar útil tanto para detectar posibles procesos degradativos que no podrían detectarse con métodos tradicionales de detección (el estado de la cubierta vegetal, contenido en carbono orgánico total), como para el seguimiento de la recuperación de un suelo degradado.

No es sencillo el establecimiento de parámetros sensibles y útiles para diagnosticar cambios en la calidad y fertilidad del suelo. La actividad microbiana del suelo ha sido considerada como el principal factor que contribuye a la funcionalidad del suelo y a su calidad. Parámetros de tipo biológico (carbono de la biomasa microbiana, respiración del suelo, oxidoreductasas tales como deshidrogenasas y catalasas), así como otros parámetros bioquímicos (hidrolasas del ciclo del carbono: invertasa y β-glucosidasa; del ciclo del nitrógeno: ureasa y proteasas del ciclo del fósforo: fosfatasas, o del ciclo del azufre: arilsulfatasas), podrían ser considerados, junto a otros parámetros derivados directamente del estudio de la materia orgánica, como biomarcadores de la productividad y de la fertilidad del suelo.

## 2.1. El rol de las enzimas en el suelo

Un papel importantísimo en los procesos bioquímicos que se producen en el suelo corresponde a las enzimas, que son proteínas catalizadoras que promueven reacciones químicas sin sufrir una alteración permanente. Las enzimas del suelo pueden proceder tanto de microorganismos como de plantas y animales, aunque se considera que la fuente principal de enzimas son los microorganismos.

Con las enzimas del suelo se puede establecer categorías según su función: hidrolasas, oxidorreductasas, liasas y transferasas [13, 14]. Una parte de las enzimas del suelo son sin duda extracelulares siendo liberadas durante el metabolismo y muerte celular; otras son intracelulares, formando parte de la biomasa microbiana. Por último, existen las enzimas inmovilizadas que son las que pueden mantener un nivel constante y estable de actividad enzimática en el suelo, independientemente de la proliferación microbiana y de las formas usuales de regulación de la síntesis y secreción de enzimas. Este tipo de enzimas inmovilizadas pueden permanecer unidas a coloides minerales (como la arcilla) u orgánicos (como las sustancias húmicas), siendo muy resistentes a procesos de desnaturalización [15-17]. Todo ello indica que es difícil extraer las enzimas del suelo y es por ello que se estudian indirectamente midiendo su actividad.

Las actividades enzimáticas del suelo se han sugerido como prioritarias dentro del conjunto de indicadores de calidad del mismo, debido a su relación con la biología del suelo ya que su presencia depende directamente de la continua liberación al ambiente llevada a cabo por los organismos que habitan en el ecosistema, y además están relacionadas con funciones ecológicas como la producción de biomasa, la remediación de contaminantes y la conservación de ecosistemas. Las actividades enzimáticas pueden ser usadas como parte del conjunto de herramientas necesarias para asignar sostenibilidad, son de fácil determinación (a pesar de la dificultad añadida de no existir métodos estándares para ello) y responden rápidamente al manejo del recurso suelo, así como a diversas acciones antrópicas [18, 19].

Las enzimas del suelo pueden considerarse útiles para monitorizar cambios en las actividades microbianas [20] y ofrecen información sobre la capacidad potencial del suelo para llevar a cabo reacciones específicas de gran importancia, en el ciclo de nutrientes [21-23].

Entre las enzimas más estudiadas se encuentran las oxido-reductasas, como la deshidrogenasa, que catalizan reacciones de oxidación-reducción, y las hidrolasas, que son enzimas extracelulares que catalizan reacciones de hidrólisis estando estrechamente relacionadas con los ciclos de nutrientes en el suelo, entre éstas podemos citar a la ureasa (del ciclo del N), las fosfatasas (del ciclo del P) y la β-glucosidasa (del ciclo del C).

La ureasa es la enzima que cataliza la hidrólisis de la urea o sustratos tipo ureico para dar $CO_2$ y $NH_3$ como productos de reacción. La síntesis de esta enzima puede producir grandes pérdidas de nitrógeno en forma de amoniaco, con el consiguiente efecto económico negativo.

Las fosfatasas son hidrolasas que activan la transformación de fósforo orgánico en inorgánico, haciéndolo por tanto asimilable por las plantas. Es precisamente este hecho el que confiere a estas enzimas una importancia especial desde el punto de vista agronómico y biotecnológico. Las fosfatasas son inhibidas por el producto final de su reacción enzimática: el fósforo inorgánico. Este hecho se debe a una inhibición feedback, por lo que sólo se producirá la síntesis de estas enzimas cuando existan deficiencias de fósforo disponible [24].

Las enzimas β-glucosidasa son hidrolasas que intervienen en el ciclo del carbono y específicamente actúan en la hidrólisis de los enlaces β-glucosídos de las grandes cadenas de carbohidratos. La hidrólisis de estos sustratos juega un papel importante en la obtención de energía para los microorganismos del suelo [25].

La actividad deshidrogenasa de los suelos viene determinada por diferentes sistemas deshidrogenasas, los cuales se caracterizan por presentar una alta especificidad de sustratos. Todos los sistemas deshidrogenasa son parte integral de los microorganismos, por lo que la medida de actividad deshidrogenasa fue propuesta como indicador de la actividad microbiológica del suelo [26]. En suelos degradados del sudeste mediterráneo español la actividad de las deshidrogenasas es fiel reflejo de la actividad metabólica total de los microorganismos existentes [27].

## 2.2. Evaluación de la comunidad microbiana y su actividad en el suelo

Todos los microorganismos, considerados en conjunto, desempeñan, una función muy importante en su hábitat natural porque influyen sobre ciertas propiedades del suelo e intervienen en los grandes procesos edáficos: meteorización de minerales, mineralización de la materia orgánica, humificación, agregación y ciclo de los nutrientes, promoviendo la solubilización o liberación de nutrientes para las plantas y otros organismos, la formación de sustancias húmicas y complejos órgano minerales estables y la formación de una estructura más o menos estable, aunque también promueven la emisión de gases de efecto invernadero a la atmósfera y su contrapartida, el secuestro o fijación de carbono estable en el suelo.

La biomasa microbiana es usada para medir parte del carbono orgánico contenido en el suelo, siendo ésta una medida indirecta de la cantidad de microorganismos existentes en el mismo, la cual, a su vez, permite reconocer los cambios ocurridos en el ambiente edáfico. La biomasa microbiana y su actividad resulta ser un indicador del impacto de sistemas de cultivo altamente intensivos y de cualquier cambio que se pueda introducir en el suelo (usos del suelo, degradación, adición de materia orgánica, etc.) sobre la calidad del mismo [28, 29].

La biomasa microbiana se puede evaluar tanto por métodos directos (estimación del número de microorganismos, que se multiplica por el volumen y la densidad de los microorganismos) como indirectos (fumigación-incubación, fumigación-extracción, método fisiológico, medida del ATP, clorofila, lipopolisacáridos (LPS), ergosterol, glucosamina, etc.). Para la medida de la actividad de la población microbiana pueden usarse diversos índices, siendo los más comunes la tasa de respiración, la medida de actividades enzimáticas específicas y la medida de la carga de energía adenilato (ATP).

La tasa de respiración, obtenida midiendo el oxígeno consumido o el $CO_2$ desprendido en la oxidación de la materia orgánica, es una técnica que se usa con mucha frecuencia, no sólo para medir la actividad biológica global del suelo, sino también para la determinación de la cinética de mineralización de la materia orgánica del suelo o de una sustancia determinada añadida al mismo. Mediante esta técnica se puede hacer el seguimiento del metabolismo de la sustancia orgánica añadida y la incorporación de los metabolitos en los distintos compartimentos de la materia orgánica o del nitrógeno o fósforo orgánicos del suelo, cuando esta sustancia está marcada con isótopos radiactivos o estables del carbono, nitrógeno o fósforo.

## 2.3. Evaluación de la diversidad de la comunidad microbiana del suelo

La diversidad de la comunidad microbiana se determina actualmente por técnicas que no conllevan el uso de medios de cultivo y que permiten el análisis estructural y funcional de la totalidad de las comunidades microbianas. Entre estas técnicas se encuentran la determinación de los ácidos grasos de los fosfolípidos de la membrana celular, el análisis de ácidos nucleicos (ADN y ARN) usando técnicas de biología molecular adaptadas para este fin y los métodos de análisis de la diversidad funcional tales como el BIOLOG.

El perfil de ácidos grasos fosfolipídicos de membrana (PLFAs) es una herramienta de gran utilidad en el estudio de la respuesta ecológica del suelo ante cualquier alteración. Los PLFAs son componentes esenciales de todas las células vivas y, por ello, mediante cambios en el perfil de estas moléculas, podemos caracterizar cambios en las comunidades microbianas. Además, los PLFAs tienen la ventaja de aportar información cuantitativa sobre la biomasa microbiana del suelo [30] y su estructura [31] aportando una información útil sobre la biomasa microbiana viable, ya que los fosfolípidos son degradados rápidamente después de la muerte celular. Así, el estudio de PLFAs permite la identificación y cuantificación de grandes grupos microbianos, como pueden ser las bacterias Gram + o Gram -, actinomicetos, hongos, etc, obteniéndose una "huella dactilar" de la comunidad microbiana edáfica [32] que puede ser estudiada mediante las adecuadas herramientas estadísticas. El perfil de PLFAs se ha mostrado sensible al tipo del suelo y su manejo [33], a la contaminación por metales pesados [34], a la composición vegetal [35], y a la incorporación de enmiendas orgánicas [36]. Debido a esto, la descripción cuantitativa de la estructura de la comunidad microbiana y su diversidad han despertado un gran interés en la evaluación de la calidad del suelo [37, 38].

Los perfiles de PLFAs pueden detectar alteraciones de los parámetros fisiológicos como respuesta a un determinado cambio en el medio ambiente pudiendo ser utilizados para cuantificar las respuestas a un estrés o periodos de actividad de las comunidades microbianas [39]. Por todo esto, esta técnica ha demostrado ser una herramienta sensible y fiable para la evaluación de los cambios en la estructura de la comunidad microbiana del suelo [40]. Estos análisis se llevan a cabo mediante la extracción de lípidos a partir de muestras de suelo, utilizando disolventes adecuados, y luego separándolos en diferentes clases de lípidos. Los ácidos grasos son liberados de la fracción de fosfolípidos y su determinación se realiza por cromatografía de gases [34].

# 3. La calidad del suelo

La calidad del suelo, ha sido percibida de muchas formas desde que este concepto se popularizó a finales del pasado siglo [41]. Las definiciones más recientes de calidad del suelo se basan en la multifuncionalidad del mismo y no sólo en un uso específico, pero este concepto continúa evolucionando [42]. Estas definiciones fueron sintetizadas por el Comité para la Salud del Suelo de la Soil Science Society of America [41] que la definió como la capacidad del suelo para funcionar dentro de los límites de un ecosistema natural o manejado, sostener la productividad de plantas y animales, mantener o mejorar la calidad del aire y del agua, y sostener la salud humana y el hábitat.

La calidad y la salud del suelo son conceptos equivalentes, no siempre considerados sinónimos [2]. La calidad debe interpretarse como la utilidad del suelo para un propósito específico en una escala amplia de tiempo [43]. El estado de las propiedades dinámicas del suelo como contenido de materia orgánica, diversidad de organismos, o productos microbianos en un tiempo particular constituyen la salud del suelo [44].

El término calidad del suelo se empezó a acotar al reconocer las funciones del suelo: (1) promover la productividad del sistema sin perder sus propiedades físicas, químicas y biológicas (productividad biológica sostenible); (2) atenuar contaminantes ambientales y patógenos (calidad ambiental); y (3) favorecer la salud de plantas, animales y humanos [2, 41] (Figura 2). Al desarrollar este concepto, también se ha considerado que el suelo es el substrato básico para las plantas; capta, retiene y emite agua; y es un filtro ambiental efectivo [45]. En consecuencia, este concepto refleja la capacidad del suelo para funcionar dentro de los límites del ecosistema del cual forma parte y con el que interactúa [46].

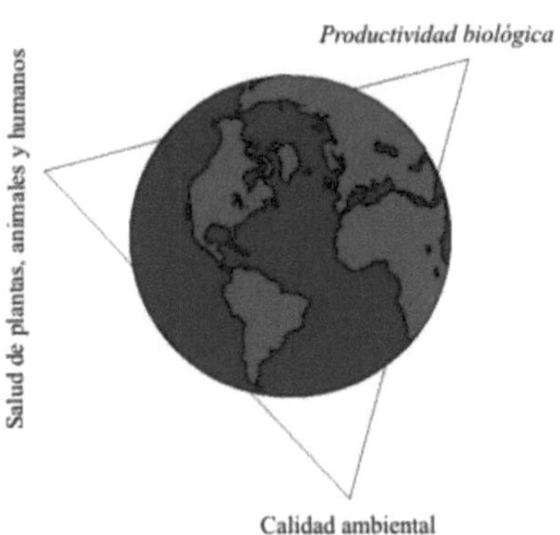


**Figura 2.** *Principales componentes de la calidad del suelo* [2].

## 3.1. Indicadores de la calidad del suelo

A pesar de la preocupación creciente acerca de la degradación del suelo, de la disminución en su calidad y de su impacto en el bienestar de la humanidad y el ambiente, aún no hay criterios universales para evaluar los cambios en la calidad del suelo [47]. Para hacer operativo este concepto, es preciso contar con variables que puedan servir para evaluar la condición del suelo. Estas variables se conocen como indicadores, pues representan una condición y conllevan información acerca de los cambios o tendencias de esa condición [48]. Según Adriaanse [49], los indicadores son instrumentos de análisis que permiten simplificar, cuantificar y comunicar fenómenos complejos. Tales indicadores se aplican en muchos campos del conocimiento (economía, salud, recursos naturales, etc.). Los indicadores de calidad del suelo pueden ser propiedades físicas, químicas y biológicas, o procesos que ocurren en él [50].

Para que las propiedades físicas, químicas y biológicas del suelo sean consideradas indicadores de calidad deben cubrirlas siguientes condiciones [2]: a) describir los procesos del ecosistema; b) integrar propiedades físicas, químicas y biológicas del suelo; c) reflejar los atributos de sostenibilidad que se quieren medir; d) ser sensibles a las variaciones de clima y manejo; e) ser accesibles a muchos usuarios y aplicables a condiciones de campo; f) ser reproducibles; g) ser fáciles de entender; h) ser sensibles a los cambios que ocurren en el suelo como resultado de la degradación antropogénica; i) y, cuando sea posible, ser componentes de una base de datos del suelo ya existente.

En virtud de que existen muchas propiedades alternativas para evaluar la calidad del suelo, Larson and Pierce [45], Doran and Parkin [2] y Seybold, Mausbach [51] plantearon un conjunto mínimo de propiedades del suelo para ser usadas como indicadores para evaluar los cambios que ocurren en el suelo con respecto al tiempo (Tabla 1).

Los indicadores disponibles para evaluar la calidad de suelo pueden variar de localidad a localidad dependiendo del tipo y uso, función y factores de formación del suelo. La identificación efectiva de indicadores apropiados para evaluar la calidad del suelo depende del objetivo, que debe considerar los múltiples componentes de la función del suelo, en particular, el productivo y el ambiental. La identificación es compleja por la multiplicidad de factores químicos, físicos y biológicos que controlan los procesos biogeoquímicos y su variación en intensidad con respecto al tiempo y al espacio [47].


**Indicadores físicos**

Las características físicas del suelo son una parte necesaria en la evaluación de la calidad de este recurso porque no se pueden mejorar fácilmente [42]. Las propiedades físicas que pueden ser utilizadas como indicadores de la calidad del suelo (Tabla 1) son aquellas que reflejan la manera en que este recurso acepta, retiene y transmite agua a las plantas, así como las limitaciones que pueden encontrar las raíces en su crecimiento, la emergencia de las plántulas, la infiltración o el movimiento del agua dentro del perfil y que además estén relacionadas con la distribución de las partículas del suelo y los poros. La estructura, la densidad aparente, la estabilidad de agregados, la capacidad de infiltración, la profundidad del suelo superficial, la capacidad de almacenamiento del agua y la conductividad hidráulica saturada son las características físicas del suelo que se han propuesto como indicadores de su calidad.

**Indicadores químicos**

Los indicadores químicos propuestos (Tabla 1) se refieren a condiciones de este tipo que afectan las relaciones suelo-planta, la calidad del agua, la capacidad amortiguadora del suelo y la disponibilidad de agua y nutrientes para las plantas y microorganismos [50]. Algunos indicadores son la disponibilidad de nutrientes, carbono orgánico total, carbono orgánico lábil, pH, conductividad eléctrica, capacidad de adsorción de fosfatos, capacidad de intercambio de cationes, cambios en la materia orgánica, nitrógeno total y nitrógeno mineralizable.

***Tabla 1**. Conjunto de indicadores físicos, químicos y biológicos propuesto para monitorizar los cambios que ocurren en el suelo.*

| Propiedad | Relación con la condición y función del suelo | Valores o unidades relevantes ecológicamente; comparaciones para evaluación |
|---|---|---|
| **Físicas** | | |
| Textura | Retención y transporte de agua y compuestos químicos; erosión del suelo | % de arena, limo y arcilla; pérdida del sitio o posición del paisaje |
| Profundidad del suelo, suelo superficial y raíces | Estima la productividad potencial y la erosión | cm o m |
| Infiltración y densidad aparente | Potencial de lavado; productividad y erosividad | minutos/2,5 cm de agua y $g/cm^3$ |
| Capacidad de retención del agua | Relación con la retención de agua, transporte y erosividad; humedad aprovechable, textura y materia orgánica | % ($cm^3/cm^3$), cm de humedad<br><br>Aprovechable/30 cm; intensidad de precipitación |
| **Químicas** | | |
| Materia orgánica (N y C total) | Define la fertilidad del suelo; estabilidad; erosión | Kg de C o N $ha^{-1}$ |
| pH | Define la actividad química y biológica | Comparación entre los límites superiores e inferiores para la actividad vegetal y microbiana |
| Conductividad eléctrica | Define la actividad vegetal y microbiana | $dSm^{-1}$; comparación entre los límites superiores e inferiores para la actividad vegetal y microbiana |
| P, N, y K extractables | Nutrientes disponibles para la planta, pérdida potencial de N; productividad e indicadores de calidad ambiental | Kg $ha^{-1}$; niveles suficientes para el desarrollo de los cultivos |
| **Biológicas y bioquímicas** | | |
| C y N de la biomasa microbiana | Potencial microbiano catalítico y depósito para el C y N, cambios tempranos de los efectos del manejo sobre la materia orgánica | Kg de N o C $ha^{-1}$ relativo al C y N total o $CO_2$ producidos |
| Respiración, contenido de humedad y temperatura | Mide la actividad microbiana; estima la actividad de la biomasa | Kg de C-$CO_2$ $ha^{-1}$ $d^{-1}$ relativo a la actividad de la biomasa microbiana; pérdida de C contra entrada al reservorio total de C |
| N potencialmente mineralizable | Productividad del suelo y suministro potencial de N | Kg de N $ha^{-1}d^{-1}$ relativo al contenido de C y N total |

Fuente: [2, 45, 51]

**Indicadores biológicos y bioquímicos**

Los indicadores biológicos propuestos (Tabla 1) integran gran cantidad de factores que afectan la calidad del suelo tales como la abundancia y subproductos de micro y macroorganismos, incluidos bacterias, hongos, nematodos, lombrices, anélidos y artrópodos. Incluyen funciones como la tasa de respiración, ergosterol y otros subproductos de los hongos, tasas de descomposición de los residuos vegetales, N y C de la biomasa microbiana y actividades enzimáticas [41, 50]. Como la biomasa microbiana es mucho más sensible al cambio que el C total se ha propuesto la relación C-microbiano:C-orgánico del suelo para detectar cambios tempranos en la dinámica de la materia orgánica [52].

Dentro de los parámetros indicados, aquellos de tipo biológico y bioquímico, permiten, debido a su mayor sensibilidad, conocer de modo más rápido los cambios que se producen en la calidad del suelo por cualquier manejo o perturbación [53].

De acuerdo con estas ideas, no habría un enfoque único, sino que habría que generar un conjunto de indicadores para cada propósito. Los enfoques pueden cambiar con el tiempo conforme incremente el entendimiento de los problemas ambientales y conforme los valores sociales evolucionen.

# 4. La materia orgánica

## 4.1. Importancia y tipos de materia orgánica

Se conoce como materia orgánica del suelo a un conjunto de residuos orgánicos de origen animal y / o vegetal, que están en diferentes etapas de descomposición, y que se acumulan tanto en la superficie como dentro del perfil del suelo [54]. Además, incluye una fracción viva, o biota, que participa en la descomposición y transformación de los residuos orgánicos [55]. El carbono orgánico del suelo es el principal elemento que forma parte de la materia orgánica, por esto es común que ambos términos se confundan o se hable indistintamente de uno u otro.

En la materia orgánica del suelo se distingue (Figura 3) una fracción lábil, disponible como fuente energética, que mantiene las características químicas de su material de origen (hidratos de carbono, ligninas, proteínas, taninos, ácidos grasos), y una fracción húmica, más estable, que comprende una mezcla heterogénea de macromoléculas no identificables químicamente que son sintetizadas en el suelo y son relativamente resistentes a la degradación química y al ataque microbiano. Esta fracción está constituida por ácidos fúlvicos, ácidos húmicos y huminas [55, 56]. Cada una de estas fracciones se obtiene por solubilización en medios ácidos o alcalinos. Sin embargo, este tipo de fraccionamiento se encuentra limitado por la presencia de componentes no húmicos extraídos junto con la fracción húmica y que no pueden ser separados efectivamente mediante esta metodología [57]. Las sustancias húmicas son el principal componente de la materia orgánica y representan, por lo menos el 50 % de ésta [58], siendo el material orgánico más abundante del medioambiente terrestre [57]. Dentro de la fracción húmica, las huminas son el componente más abundante y menos reactivo mientras que los ácidos húmicos y fúlvicos constituyen los componentes más activos de dicha fracción húmica, contribuyendo sustancialmente a la fertilidad global del suelo tanto por su acción directa como indirecta sobre el suelo, la planta y los microorganismos. Las huminas incluyen una amplia gama de compuestos químicos insolubles en medio acuoso y contienen, además, compuestos no húmicos como largas cadenas de hidrocarburos, esteres, ácidos y estructuras polares, que pueden ser de origen microbiano, como polisacáridos y glomalina, íntimamente asociados a los minerales del suelo [57].

*Figura 3. Principales grupos de materiales orgánicos del suelo.*

La importancia de la materia orgánica, en todas sus diferentes formas, para la fertilidad y calidad del suelo radica en los efectos marcados que tiene en casi todas las propiedades del suelo, como puede verse en el resumen que se presenta en la Tabla 2.

La materia orgánica del suelo afecta a la mayoría de las propiedades químicas, físicas y biológicas del suelo vinculadas con su: 1) calidad [59, 60], 2) sustentabilidad [60, 61] y 3) capacidad productiva [62, 63] por lo que, en un manejo sustentable, el carbono orgánico del suelo debe mantenerse o aumentarse. Sin embargo, establecer una clara relación de dependencia entre el carbono orgánico del suelo y la productividad del mismo es complejo [64].

La materia orgánica del suelo es un indicador clave de la calidad del suelo, tanto en sus funciones agrícolas (p. ej. producción y economía) como en sus funciones ambientales - entre ellas captura de carbono y calidad del aire-. La materia orgánica del suelo es el principal determinante de su actividad biológica. La cantidad, la diversidad y la actividad de la fauna del suelo y de los microorganismos están directamente relacionadas con la materia orgánica. La materia orgánica y la actividad biológica que ésta genera tienen gran influencia sobre las propiedades químicas y físicas de los suelos [65]. La agregación y la estabilidad de la estructura del suelo aumentan con el contenido de materia orgánica. Éstas a su vez, incrementan la tasa de infiltración y la capacidad de agua disponible en el suelo, así como la resistencia contra la erosión hídrica y eólica. La materia orgánica del suelo también mejora la dinámica y la biodisponibilidad de los principales nutrientes de las plantas.

**Tabla 2.** *Efecto general de la materia orgánica sobre algunas propiedades del suelo.*

| Propiedad | Efecto al aumentar el contenido de materia orgánica |
| --- | --- |
| Estructura | Favorece su formación, aumenta el tamaño y estabilidad de los agregados |
| Porosidad | Aumenta la cantidad de macroporos |
| Aireación | Aumenta el volumen de aireación y mejora la circulación del aire |
| Infiltración | Aumenta su velocidad |
| Drenaje | Aumenta la velocidad de circulación del agua dentro del suelo |
| Humedad | Aumenta la capacidad de retener agua, sobre todo a bajas tensiones y/o si el suelo es arenoso. En general, 1g de carbono orgánico retiene 1,5 g de agua, a 15 bar y 3,5 g de agua, a 0,3 bar, aproximadamente |
| Consistencia | Aumenta la friabilidad, disminuye la pegajosidad, la plasticidad y el encostramiento superficial: con esto se facilita el laboreo del suelo ya que éste le opone menor resistencia a los implementos y a las máquinas; también en este sentido tiene efectos económicos al requerirse menos potencia y menos gasto de combustible |
| Erodabilidad | Disminuye la susceptibilidad del suelo a la erosión |
| Color | Oscurece el suelo facilitando su calentamiento, con lo cual mejora la germinación de las semillas, el desarrollo radicular y, en general, la nutrición de la planta |
| Capacidad de inter-cambio catiónico (CIC) | Incrementa su valor. En términos generales, 1g de carbono orgánico aporta entre 3 y 4 meq a la CIC |
| Capacidad buffer | Aumenta |
| pH | El efecto es variable dependiendo del tipo de suelo |
| Nutrientes | Aporta algunos macro y micronutrientes (N, P y S, principalmente) durante el proceso de mineralización; puede ocasionar fijación de algunos elementos menores; la disponibilidad de algunos nutrientes se puede ver reducida debido a la formación de complejos estables en los cuales se ven involucrados, como es el caso de la formación de quelatos con Cu, Mn, Zn, Fe, entre otros, o a procesos de adsorción selectiva de algunos iones |
| Contaminación | La materia orgánica almacena compuestos y/o elementos tóxicos como algunos ingredientes activos no degradables de agroquímicos o metales pesados (Pb, Ni, etc.), que llegan al suelo, dificultando su eliminación de este medio |
| Hidrofobicidad | Los compuestos hidrofóbicos que se acumulan en el suelo son orgánicos; ellos alteran las propiedades hídricas del suelo que los posee |
| Biota | La principal fuente de energía para los organismos que viven en el suelo es la materia orgánica del mismo; algunos productos de su alteración pueden ser tóxicos para algunos de ellos |

Los suelos agrícolas se caracterizan por contener menores cantidades de materia orgánica que los suelos forestales. Además, la intensificación de la gestión de los suelos agrícolas que ha ocurrido en Europa durante la segunda mitad del siglo XX ha dado lugar a una disminución destacable del contenido de materia orgánica del suelo [6]. Loveland and Webb [66], en una revisión sobre los niveles críticos de materia orgánica en suelos agrícolas del área templada, sugirieron que un contenido de carbono de un 1 % podría representar el umbral, por debajo del cual, el funcionamiento del sistema suelo-cultivo podría quedar comprometido incluso cuando se suministraran los fertilizantes minerales adecuados. Conviene destacar que en la revisión de Loveland and Webb [66] no se mencionan suelos con contenidos de C por debajo de este valor que, según ellos, en cultivos de la zona templada, se mantiene solamente a partir de las adiciones anuales de materia orgánica por parte del cultivo. Niveles de carbono orgánico por debajo de este umbral podrían dar lugar a suelos degradados físicamente que, en condiciones agroclimáticas límite (climas secos y semiáridos), podrían desencadenar la desertización del territorio. Se estima que en Europa un 16 % del territorio cultivado es vulnerable a la desertización [67]. Si bien este porcentaje puede ser superior en la zona mediterránea. En diversos estudios a largo plazo en cultivos del área templada se ha visto que las estrategias más efectivas para aumentar la materia orgánica del suelo son el uso de estiércoles, el barbecho con planta (cultivos continuados, abonos verdes), el laboreo mínimo y una reducción del barbecho convencional sin planta [68, 69].

## 4.2. Fijación física del carbono en el suelo

El océano es el mayor reservorio de carbono, seguido del pool geológico de los combustibles fósiles, suelo, pool biótico y atmosférico (Figura 4). Esos pools de carbono están interconectados e intercambian carbono. Mientras que el C en la atmosfera de la Tierra existe en forma de distintos gases (principalmente como $CO_2$), el C de los océanos se encuentra principalmente en forma de iones bicarbonato. En el pool biótico, el carbono es acumulado como biomasa mientras que el suelo contiene tanto carbono orgánico como inorgánico. El carbono del suelo es unas cinco veces el carbono acumulado en el pool biótico y más de tres veces el presente en la atmosfera (Figura 4). La capacidad de acumulación del carbono en el suelo ha sido estimada en 1 Pg C año$^{-1}$ [70].

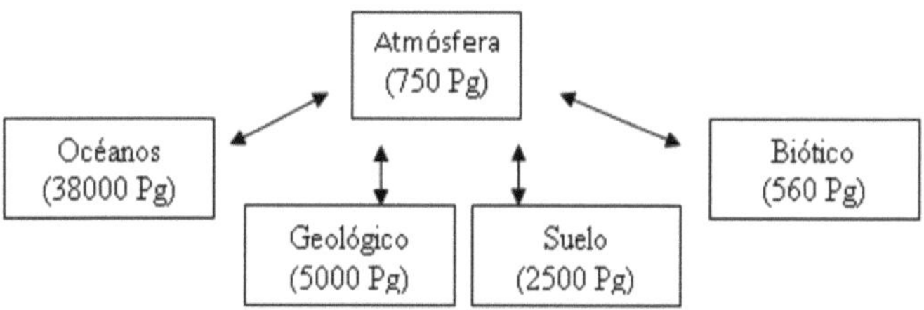


*Figura 4. Balance global de C* [71].

La acumulación potencial de carbono en los ecosistemas semiáridos es más baja que en las regiones templadas, siendo también menor en los climas más cálidos y secos que en los fríos [72]. El carbono en los suelos puede encontrarse en forma orgánica e inorgánica [73]. La mayoría de los suelos de las regiones áridas y cuenca mediterránea también tienen altas concentraciones de carbono inorgánico [72, 74]. El potencial de fijación de carbono orgánico en los suelos semiáridos se ha estimado en 200 Kg C ha$^{-1}$ año$^{-1}$ [72]. La cantidad total de carbono orgánico almacenada en los suelos ha sido estimada por diversos métodos [75, 76] y su valor es cercano a 1.500 Pg a 1 m de profundidad [76-79]. Estimaciones de carbono inorgánico dan valores de alrededor de 1.700 Pg C, principalmente en formas estables como $CaCO_3$ y $MgCO_3 \bullet CaCO_3$, $CO_2$, $HCO_3$ y $CO_3^{2-}$ [76, 79].

El carbono orgánico del suelo se encuentra en forma de residuos orgánicos poco alterados de vegetales, animales y microorganismos, en forma de humus y en formas muy condensadas de composición próxima al carbono elemental [73]. En condiciones naturales, el carbono orgánico del suelo resulta del balance entre la incorporación al suelo del material orgánico fresco y la salida de carbono del suelo en forma de $CO_2$ a la atmosfera [55, 76], erosión y lixiviación. Cuando los suelos tienen condiciones aeróbicas, una parte importante del carbono que ingresa al suelo (55 Pg C año$^{-1}$ a nivel global) es lábil y se mineraliza rápidamente y una pequeña fracción se acumula como humus estable (0,4 Pg C año$^{-1}$) [79]. El $CO_2$ emitido desde el suelo a la atmósfera no sólo se produce por la mineralización de la materia orgánica del suelo donde participa la fauna edáfica (organismos detritívoros) y los microorganismos del suelo, sino también se genera por el metabolismo de las raíces de las plantas [80].

Lal [71] propone medidas para promover la fijación de carbono en los suelos, las cuales, alentadas e implementadas por las políticas gubernamentales, pueden hacer realidad el uso de los suelos como sumideros de carbono. Entre estas medidas se encuentran: i) la restauración de tierras degradadas, ii) el desarrollo de la agricultura sostenible, ii) el uso de las especies de plantas adecuadas en función de las condiciones ambientales y iv) la buena gestión de los cultivos de cobertura. Por lo tanto, el uso de enmiendas orgánicas para restaurar suelos degradados puede contrarrestar el efecto del calentamiento global.

Existe una relación entre el cambio climático y la degradación edáfica. El cambio del clima, afecta al suelo, y puede generar una mayor degradación de este. Al mismo tiempo, este medio desempeña una función importante en el secuestro de carbono atmosférico mediante el ciclo biogeoquímico del carbono (Figura 5).

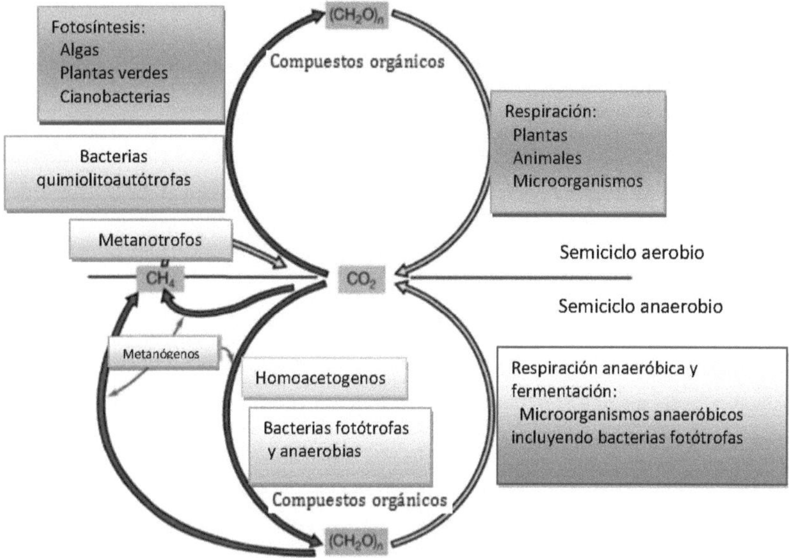


**Figura 5**. *Ciclo biogeoquímico del carbono.*

El constante incremento de la emisión de gases a la atmósfera ($CO_2$, $N_2O$, $CH_4$) está dando lugar a un incremento de la temperatura global media, incrementando las lluvias en gran parte del hemisferio norte (a razón de 0,5-1 %/década), especialmente en latitudes medias y altas, y disminuyendo en áreas subtropicales (0,3 %/década) [71]. Estos cambios pueden disminuir el pool de carbono en el suelo y la estabilidad estructural del mismo, alterando los ciclos del agua y de nutrientes, aumentando la susceptibilidad del suelo a la escorrentía y a la erosión y causando un impacto negativo sobre la producción de biomasa, la biodiversidad y el medio ambiente. La disminución del pool de carbono orgánico del suelo provoca, como ya se ha comentado, la degradación del mismo y a su vez, esta degradación agrava el agotamiento del pool de carbono en el mismo. Todo ello, hace necesaria la implantación de estrategias para mitigar las emisiones de $CO_2$ y la amenaza del calentamiento del Planeta.

Incrementar la capacidad del suelo para secuestrar carbono constituye un medio de contrarrestar, a medio plazo la creciente emisión de $CO_2$ a la atmosfera, y contribuir asimismo a aliviar los impactos ambientales derivados del efecto invernadero [76]. La adición de nueva materia orgánica, y el mantenimiento de ésta en el suelo repercutirá sin duda en niveles más bajos de $CO_2$ en la atmósfera. En este sentido, en el informe elaborado sobre materia orgánica y biodiversidad dentro de la Estrategia Europea para la Protección del suelo, que es el preámbulo de una nueva Directiva, se identifica a la pérdida de materia orgánica como una de las principales causas de degradación del suelo, y se señala que la materia orgánica exógena constituye hoy en día una fuente inestimable de materia orgánica en los suelos, favoreciendo la implantación de una cubierta vegetal estable que asegura la posterior incorporación de elementos orgánicos, y es considerada como uno de los métodos más eficaces para la lucha contra la erosión y los procesos degradativos asociados. Esto es un importante aspecto en España, donde muchos suelos están expuestos a climas semiáridos asociados a procesos degradativos. La recuperación de suelos y ecosistemas degradados tiene, por tanto, un alto potencial para el secuestro de carbono en el suelo. Si bien la mayoría de los suelos degradados han perdido una gran parte de su carbono original, éste puede ser recuperado mediante adecuadas estrategias de rehabilitación de los mismos y su adecuado uso posterior. La materia orgánica exógena puede jugar un papel fundamental en la disminución de las emisiones de $CO_2$ a la atmósfera y en el aumento del pool de C del suelo. Sin embargo, este importante papel ha sido poco estudiado.

Las características de la enmienda empleada, junto con las propias características del suelo y las condiciones ambientales, condicionarán la dinámica y distribución de esta materia orgánica en el suelo y su mayor o menor estabilidad. La mineralogía del suelo y la distribución del tamaño de partícula regulan la capacidad del suelo para preservar su materia orgánica y controlar la agregación del mismo. La interrelación entre la agregación del suelo y la materia orgánica se refiere tanto a los procesos de descomposición (protección de los sustratos carbonados frente a los organismos degradables) como a los procesos de predación (proteger a los microorganismos frente a los predadores) dando como resultado la conservación y estabilización de la materia orgánica del suelo [81].

La capacidad del suelo para almacenar materia orgánica está relacionada con su asociación a las partículas de arcilla y de limo (2-20 μm de diámetro), macro- (> 250 μm) y microagregados (20-250 μm), y la fracción macro de la materia orgánica tamaño arena [82, 83]. Tanto en suelos naturales como agrícolas, los mecanismos de adsorción mineral y de agregación son importantes procesos que conducen a la estabilización del carbono en el suelo. La adsorción en los minerales del suelo protege a la materia orgánica frente al ataque microbiano (mineralización) incrementando el tiempo medio de residencia del carbono estabilizado en el mineral [84]. Diferentes estudios han indicado que el carbono orgánico asociado a las fracciones finas del suelo (limo y arcilla) permanece durante más tiempo en el suelo que el asociado a otras fracciones del suelo de mayor tamaño de partícula [85]. Los agregados también protegen al carbono del suelo, siendo los microagregados los que contienen un carbono más antiguo [86, 87]. La materia orgánica total del suelo influye sobre la compactación del suelo, su elasticidad, y capacidad de retención hídrica, mientras que la presente en los agregados juega un importante papel en la funcionalidad del mismo, regulando la capacidad de infiltración de agua y aire, contribuyendo a conservar los nutrientes, e influenciando la permeabilidad del suelo y su erosionabilidad.

La zona mediterránea se caracteriza por el bajo contenido de carbono orgánico en sus suelos y la existencia de extensas zonas degradadas o en peligro de degradación. Estas zonas degradadas, con bajo contenido en carbono, presentan un elevado potencial para fijar carbono atmosférico a través de prácticas de manejo adecuadas o de cambios de uso. Este incremento de carbono podría contribuir decisivamente a detener e invertir el proceso de degradación, aumentando la calidad del suelo.

Diversos estudios han puesto de manifiesto la capacidad de los suelos degradados para retener parte del carbono adicionado con la enmienda mediante su asociación con la fracción mineral del mismo quedando así protegido frente a la descomposición, aumentando el pool de carbono estable del suelo [88-90]. Por tanto, sería de interés considerar la posibilidad de restaurar la materia orgánica perdida en suelos degradados mediante la adición de enmiendas orgánicas, que no sólo mejoren la calidad de los suelos [91, 92] y su estructura [93, 94], lo que hace que sean adecuadas para sostener una cubierta vegetal, sino que también contribuyan a favorecer la fijación estable en el suelo de una parte del carbono añadido [95], contribuyendo de esta forma a disminuir los niveles de $CO_2$ liberado a la atmosfera, mitigando el efecto invernadero.

# 5. La degradación del suelo

## 5.1.  Degradación de suelos en la cuenca Mediterránea

En condiciones naturales, el suelo tiende a un estado de equilibrio tras un lento proceso de formación denominado edafogénesis. El suelo, en estas condiciones de máxima evolución, se encuentra más o menos cubierto por una vegetación que le aporta una cantidad progresiva de materia orgánica y nutrientes contribuyendo a mantener e incluso mejorar su estructura, al tiempo que le sirve de protección frente a procesos degradativos de erosión. Puede decirse entonces que los suelos mantienen una calidad adecuada, y realizan todas sus funciones de manera correcta. Sin embargo, si estas agresiones son frecuentes o muy intensas, el suelo pierde esta capacidad de recuperación y comienza a degradarse. La degradación del suelo constituye un grave problema socio-económico y ambiental a nivel mundial, agravado en severidad y extensión en los últimos años, y que afecta, con mayor o menor gravedad, a todos los países mediterráneos [96].

González-Quiñones [97], define la degradación del suelo como "la alteración del equilibrio existente entre sus constituyentes debido a los cambios experimentados en sus propiedades físicas, químicas, biológicas o bioquímicas, que conducen a la pérdida o disminución de su fertilidad y que disminuye la capacidad actual o futura del suelo para generar, en términos de calidad y cantidad, bienes o servicios".

La Degradación del suelo significa, en definitiva, la pérdida parcial o total de su productividad, ya sea cuantitativa o cualitativa, como resultado de procesos tales como la erosión hídrica, erosión eólica, salinización, deterioro de su estructura, contaminación, encostramiento, inundación, agotamiento y pérdida de elementos nutritivos, desertificación, etc [98-103]. En todo el mundo y, en particular, en el ámbito mediterráneo, la intensidad y velocidad de estos procesos es alarmante, poniendo en evidencia la urgente necesidad de realizar evaluaciones de la capacidad de uso, de la pérdida de suelo y de la tolerancia a estas pérdidas.

Los climas semiáridos, como el imperante en la cuenca Mediterránea, se caracterizan por tener escasas pero intensas precipitaciones, altas temperaturas medias y un potencial de evapotranspiración elevado. Por lo tanto, los suelos en las regiones semiáridas suelen tener baja actividad biológica, una cubierta vegetal pobre y un bajo contenido de materia orgánica. Estos tipos de suelos se caracterizan por la acumulación de carbonato de calcio y, a veces, la acumulación de sales solubles. La acumulación de humus también es baja en suelos áridos en comparación con los de otros climas. Asimismo, estos suelos muestran una gran fragilidad frente a procesos de erosión y degradación debido a su pobre estructura y escasa cubierta vegetal [104].

Entre los factores adversos existentes en las regiones Mediterráneas y que favorecen la degradación del suelo podemos citar [105]:

- *El clima*: las fuertes lluvias causan erosión severa. Una temperatura media anual de 17 a 18,5 °C, lo que favorece la evapotranspiración y el riesgo de salinización.

- *Las características litológicas de sustrato*: rocas carbonatadas y sedimentos cuaternarios predominan en el sudeste de España. Estas características dan lugar a suelos que se erosionan fácilmente.

- *La cubierta vegetal*: Una cubierta vegetal pobre favorece la degradación del suelo, ya que la falta de protección contra las intensas lluvias conduce al transporte y, por tanto, la pérdida de la materia orgánica.

- *La topografía*: el paisaje en pendiente favorece la erosión, cuya intensidad dependerá del resto de los factores citados anteriormente.

La política de desarrollo agrario que ha venido imperando hasta finales del siglo XX y cuyo objetivo ha sido el elevar el nivel de vida en el campo, estabilizar los mercados y asegurar alimentos a todos los ciudadanos a un precio razonable, ha provocado la intensificación de la agricultura, el empleo masivo de fertilizantes y fitosanitarios, y la potenciación de la mecanización del mundo rural, pero al mismo tiempo, esta lucha por producir más a toda costa, y la búsqueda de beneficios económicos máximos a corto plazo, ha provocado el empleo de prácticas agrícolas incorrectas que han desembocado, a la larga, en la pérdida de la fertilidad de muchos suelos, el subsiguiente abandono de los mismos para la producción agrícola y su consiguiente degradación. En las regiones Mediterráneas del SE español esta situación se ve agravada debido a las condiciones climatológicas (clima semiárido) y litológicas adversas existentes en las mismas. Nos encontramos pues, con la existencia en España de amplias zonas con suelos de baja calidad y con escasa cubierta vegetal, lo cual agrava el problema de degradación.

Un problema ambiental endémico en la mayor parte de la España mediterránea y, en particular, del Sureste península lo constituye la erosión hídrica, precisamente donde el agua es un recurso deficitario. Prácticamente todo el mundo coincide que los factores físicos tales como el clima, la topografía, la erosionabilidad del suelo y el estado de la vegetación determinan la degradación del suelo y ecosistemas que soporta, y que la actividad humana la amplifica significativamente. En el ámbito mediterráneo, la escasez, extrema irregularidad e intensidad de las precipitaciones es la primera causa de la erosión del suelo. La energía del impacto de las gotas de lluvia en la superficie de un suelo desnudo y la de la escorrentía superficial que puede generarse, modifica las propiedades físicas del suelo. Las partículas son desestabilizadas, arrancadas, removidas y transportadas ladera abajo por el agua; se produce una transferencia de materia y nutrientes desde las partes altas a las bajas y, en consecuencia, un empobrecimiento del suelo que en situaciones extremas llega a desaparecer; la topografía, la pendiente del terreno y la longitud de las laderas aceleran las escorrentías e incrementan las tasas de sedimentos producidos. Por otro lado, la presión ejercida por las gotas de lluvia, sobre la superficie del suelo, ocasiona su consolidación, compactación y formación de costras que incrementan la impermeabilidad y, correlativamente, disminuye la infiltrabilidad y acentúa la escorrentía

En las regiones Mediterráneas predominan grandes áreas de suelos de baja calidad con poca cobertura vegetal, que suministran escasa materia orgánica para el sistema suelo. Se ha calculado que el 74,6 % de la superficie de la tierra en los países del Mediterráneos, tienen un contenido de carbono orgánico del suelo inferior a 2 % [106]. Por lo tanto, es crucial tomar medidas y contrarrestar estos efectos adversos sobre los ecosistemas del suelo y la recuperación de la materia orgánica del suelo es un factor principal.

Los procesos de degradación de suelos en el área mediterránea y en otras regiones vulnerables europeas no sólo han conducido a la pérdida de productividad en sus suelos agrícolas, sino también a la desertificación de terrenos en pendiente, la contaminación de aguas superficiales y de otras subterráneas, y en general, a la pérdida de diversidad ecológica. Uno de los factores clave en este contexto, es, indiscutiblemente, el bajo contenido en materia orgánica de los suelos de estas regiones [27, 107], y no hay necesidad de reiterar la estrecha relación existente entre este parámetro y la fertilidad del suelo.

## 5.2. Gestión sostenible del suelo

La agricultura sigue siendo la actividad humana que suministra la mayor parte de los productos alimenticios y materias primas esenciales para la humanidad, por ello, la conservación del suelo, base de las cadenas vitales, parece esencial, ya que sin él sería imposible conseguir un ritmo mantenido de abastecimiento a las poblaciones. El suelo, constituye un elemento básico, el más importante junto al agua, del Patrimonio Natural de cualquier país.

El uso correcto del suelo es el mejor medio para su conservación y para evitar su degradación. En las zonas mediterráneas, el sistema tradicional de control de la erosión en los suelos cultivados suele hacerse, simultáneamente, con el cultivo de los mismos, por lo que el mejor modo de controlar la erosión es dar a cada tipo de suelo un uso compatible con sus características, con sus aptitudes, con su capacidad de acogida. De este modo puede lograrse una producción alta y sostenida. Para llevar a cabo este uso correcto del recurso, lo primero que hay que conocer son las limitaciones que presenta cada tipo de suelo para los distintos usos, lo cual indicará cuál es la gama de usos posibles y los problemas que puedan presentarse. Actualmente existen varios sistemas de clasificación de suelos para su evaluación [108-112].

En general, los planteamientos para una política de gestión sostenible del suelo, pueden agruparse en cuatro niveles:

1. **Concepción global**. Se precisa una revalorización de la naturaleza, una priorización de la gestión del suelo, junto a la voluntad política de las Administraciones Públicas a todas las escalas y Departamentos (no sólo de los de Medio Ambiente) y una coordinación con las restantes políticas sectoriales y administraciones. La degradación o desaparición del suelo, acaba conduciendo a la pérdida de fertilidad y a la desertificación del territorio, por ello, debe ser considerada al diseñar las políticas agraria, forestal, industrial, energética, modelo territorial de ciudades y regiones, etc.

2. **Estudio, conservación y protección de los suelos**. Para la gestión sostenible del recurso, la política preventiva es un arma eficaz. Investigación, identificación de formas y procesos, análisis de causas climáticas y socio-económicas, predicción, y mitigación de los procesos a través de prácticas agrícolas adecuadas y rehabilitación. Dotación de sistemas de mantenimiento y vigilancia de las zonas con suelos de calidad. Fomento de la agricultura biológica.

3. **Recuperación**. Para el rescate y rehabilitación de los suelos se precisa de generosos impulsos para la revegetación de áreas degradadas con especies adecuadas (autóctonas en la medida de lo posible). Difusión y aplicación de técnicas agrícolas convenientes y apropiadas, «la agricultura sostenible no puede basarse en métodos que destruyen y agotan los suelos». Incentivar a las poblaciones rurales para su permanencia en el campo.

4. **Implantación**. Legislación básica a escala local, autonómica, nacional, comunitaria y mediterránea. Elaboración de un programa global de conservación. Educación ambiental. Publicaciones y difusión.

# 6. El uso de residuos orgánicos como estrategia de recuperación de suelos degradados

La materia orgánica del suelo tiene un papel fundamental en el desarrollo y funcionamiento de los ecosistemas terrestres, pues el contenido y dinámica de la misma determina la productividad potencial, tanto de los sistemas naturales como de los cultivados. En general, un alto contenido de materia orgánica está vinculado a una buena fertilidad y a calidad del suelo [113-115].

Por tanto, una necesidad que hay que cubrir sin demora es la protección del contenido de materia orgánica en los suelos a través del desarrollo de prácticas de manejo que favorezcan su mantenimiento en dichos suelos. Pese a la enorme importancia que tiene la materia orgánica del suelo, existe una problemática muy concreta que afecta a gran parte de los suelos españoles, y es el escaso contenido precisamente en dicha materia orgánica, lo cual redunda inexorablemente en una menor fertilidad de estos suelos, y, por tanto, en una mayor predisposición hacia fenómenos de degradación y desertización en ellos. Se llega pues al convencimiento de que sería bueno conseguir mejorar los contenidos de materia orgánica de los suelos.

Como nuevas fuentes de materia orgánica para ser adicionadas a los suelos, se ha propuesto el empleo de aquella contenida en los residuos de carácter orgánico. De esta forma, se conseguirá un doble objetivo: por un lado, paliar la escasez de materia orgánica en los suelos; y por otro, dar una salida racional a la gran generación de residuos en zonas urbanas y agrícolas, con el consiguiente beneficio medioambiental.

El uso de residuos orgánicos ha demostrado ser muy adecuado como una estrategia para la mejora de las propiedades químicas, bioquímicas y microbiológicas del suelo en el corto y medio plazo [116-118]. Los compost de estos residuos orgánicos constituyen una importante enmienda orgánica del suelo contribuyendo a la formación de humus estable [119] y a la mejora de la fertilidad del suelo [120-122].

Los residuos orgánicos susceptibles de ser utilizados como enmienda en la recuperación de suelos degradados son muy variados desde estiércoles (frescos, envejecidos, compostados) a residuos urbanos, residuos forestales, agrícolas, residuos de la industria conservera y residuos agroindustriales. Estas enmiendas orgánicas afectarán a las propiedades del suelo de diferente modo, pudiendo ser estos efectos directos, debidos a las propiedades intrínsecas de la enmienda, o indirectos, a través de las modificaciones que causan en las propiedades físicas, biológicas y químicas del suelo.

El objetivo sería mejorar la fertilidad del suelo al tiempo que se eliminan residuos, de otro modo no deseados, de una manera racional y respetuosa con el medio ambiente. Esto, al mismo tiempo, favorecería el secuestro de carbono mediante el aumento de la reserva de carbono estable en el suelo, ayudando a mitigar los efectos negativos derivados de las emisiones de $CO_2$ a la atmósfera. El aumento de la capacidad de un suelo para la fijación de carbono es un medio eficaz, a medio plazo de luchar contra la emisión de $CO_2$ a la atmósfera, contribuyendo de esta manera a aliviar el impacto ambiental del calentamiento global [76].

Por esto, podemos afirmar que, mediante el reciclaje de residuos a través del aprovechamiento de las sustancias contenidas en ellos, o bien de su transformación en otras, se puede contribuir a aliviar los problemas planteados, disminuyendo las dificultades de su eliminación y facilitando un mejor aprovechamiento de los recursos naturales.

## 6.1. Efectos de los residuos orgánicos en el suelo

De forma general, la adición de enmiendas orgánicas puede influir positivamente en las propiedades físicas, químicas, biológicas y bioquímicas del suelo, mejorando su calidad y productividad. Las poblaciones microbianas se verán positivamente influenciadas por el mayor contenido de fuentes de energía y nutrientes en el suelo, aumentando su desarrollo y actividad, lo que tendrá efectos positivos sobre el crecimiento vegetal. De esta manera, se cierra un ciclo de fertilidad en el suelo.

**Efecto sobre las propiedades físicas**

La adición de enmiendas orgánicas puede influir positivamente en las propiedades físicas del suelo mejorando su estructura, incrementando la formación y estabilidad de agregados, y la capacidad de retención hídrica del suelo [123, 124]. Este hecho disminuye la escorrentía, evitando el lavado de nutrientes, y mejorando el desarrollo vegetal [125]. Este efecto sobre las propiedades físicas del suelo variará dependiendo de las características de la enmienda. Así, los residuos frescos suministran diferentes tipos de compuestos orgánicos, tales como polisacáridos, promoviendo así la formación inicial de los agregados [124]. Por el contrario, los residuos compostados ejercen influencia a más largo plazo debido al aporte de sustancias húmicas [126, 127]. La riqueza en materia orgánica de los residuos orgánicos y su carácter coloidal mejora el balance hídrico del suelo, al aumentar la capacidad de retención hídrica, lo que permite al suelo resistir mejor los periodos de sequía [128].

**Efecto sobre las propiedades físico-químicas**

Los residuos orgánicos al ser incorporados al suelo ejercen un efecto tampón debido a la presencia de iones $Ca^{+2}$ y de sales básicas [129]. La capacidad de cambio catiónica aumenta en suelos tratados con materiales orgánicos [130]. Algunos autores han observado que la capacidad del suelo para retener cationes aumentaba sensiblemente con la dosis de material orgánico adicionada [131, 132].

El efecto más significativo que se produce sobre un suelo cuando se le adicionan residuos orgánicos es el aumento de su contenido en materia orgánica. Mediante la incorporación de la materia orgánica al suelo se introducen también los nutrientes que esta contiene, liberándose de forma gradual durante el proceso de descomposición de la misma. Adani, Genevini [133] observaron que el contenido de ácidos húmicos y fúlvicos de un compost vegetal influía en la composición de la materia orgánica de un suelo enmendado con dicho material.

**Efecto sobre las propiedades microbiológicas y bioquímicas**

La incorporación de residuos orgánicos a los suelos produce una reactivación de sus propiedades microbiológicas y bioquímicas, estimulando la proliferación microbiana y su actividad metabólica, como consecuencia de los aportes de nuevas fuentes lábiles de carbono que van a servir como sustrato a la biota del suelo [117, 134]. Este aumento se traduce a su vez en un incremento de las enzimas y metabolitos en el suelo, que van a actuar sobre sustratos específicos [135]. Las enzimas son responsables de la mayor parte de las reacciones que intervienen en los procesos de mineralización e inmovilización de los nutrientes en el suelo y por tanto están en relación con la disponibilidad de los mismos para la planta [136].

Sin embargo, el reciclado de los residuos orgánicos en el suelo puede provocar también un impacto ambiental negativo si no se emplean de manera adecuada, debido a la presencia en ellos de compuestos tóxicos. Como residuos, debido a su origen y composición, pueden ser causa de problemas muy diversos tales como la acumulación de metales pesados, la presencia de contaminantes orgánicos o aumentos en la salinidad del suelo [137, 138]. Entre estos posibles efectos negativos cabe destacar los siguientes:

- **Metales pesados.** Los metales pesados pueden formar parte de la composición de los residuos orgánicos, principalmente en los lodos EDAR, en función sobre todo de la procedencia y origen de los mismos. La importancia de éstos a la hora de evaluar las posibilidades de utilización de estos residuos viene dada por su posible acumulación en el suelo y su absorción y almacenamiento en los tejidos de las plantas, quedando así incluidos en la cadena alimentaria de los animales y del ser humano. Los valores límites de metales pesados en suelos enmendados con lodos o compost, así como en los propios residuos, están en proceso de revisión por la Unión Europea y serán cada vez menores, lo que puede hacer más restrictivo el uso como enmiendas de materiales orgánicos con contenido metálico fuera de norma.

- **Microorganismos Patógenos**. La presencia de patógenos en ciertos residuos condiciona su aplicación. Por ello, es necesario realizar procesos de acondicionamiento que permitan controlar y eliminar este riesgo de contaminación por patógenos.

- **Sustancias tóxicas**. Consideramos sustancias tóxicas a aquellos compuestos orgánicos tales como hidrocarburos aromáticos policiclicos, bifenilospoliclorados, pesticidas fosforados, fenoles y otros compuestos orgánicos que deban ser considerados como tóxicos.

- **Demanda o Exceso de Nutrientes**. La aplicación de algunos residuos orgánicos al suelo puede producir una competencia por determinados nutrientes entre los microorganismos y las plantas, además de una posible lixiviación de los nitratos hacia los acuíferos.

- **Salinidad**. Los residuos urbanos, especialmente si han sido compostados, pueden presentar un elevado contenido de sales, lo que puede influir negativamente sobre el sistema suelo-planta al ser utilizadas como enmiendas del suelo: disminuye la capacidad de geminación de las semillas, inhibe el crecimiento de las plantas y puede empeorar la estructura del suelo.

Parte de estos efectos negativos derivados del empleo de residuos orgánicos frescos, pueden eliminarse sometiendo al residuo a un adecuado proceso de estabilización de su materia orgánica tal como el compostaje.

## 6.2. Proceso de compostaje

El proceso de degradación biológica de residuos orgánicos está documentado desde el siglo I d.C. [139]. Desde entonces, los agricultores han seguido esta práctica (degradación natural) utilizando el producto resultante como abono. Los productos así obtenidos no siempre conservaban su potencial nutritivo debido a la falta de control sobre el proceso. Actualmente, el control, tanto del proceso de producción (compostaje) como del producto final (compost) se hace necesario para asegurar una óptima calidad y mínimos costes [140, 141].

El compostaje se define como: un proceso biooxidativo controlado en el que intervienen numerosos y variados microorganismos, y que requiere una humedad adecuada y sustratos orgánicos heterogéneos en estado sólido. Implica el paso por una etapa termófila y una producción temporal de fitotoxinas, dando al final como productos de los procesos de degradación: agua, dióxido de carbono y una materia orgánica estabilizada, libre de sustancias fitotóxicas y patógenos, y dispuesta para ser usada.

En este proceso se distinguen dos etapas: la primera de mineralización de la fracción orgánica, en la que la actividad microbiana es máxima debido a la abundancia de compuestos fácilmente biodegradables y en la que se destruye gran parte de la materia orgánica lábil; en ella se distingue una fase inicial mesofílica seguida de una fase termofílica en la que las altas temperaturas alcanzadas contribuirán a la destrucción de patógenos. La segunda etapa es de maduración o estabilización del material, que se corresponde con la fase de enfriamiento, en la que la actividad de los microorganismos es menor, predominando la humificación, con reacciones de policondensación y polimerización y en la que se forma un producto similar al humus que se conoce con el nombre de compost.

El proceso de compostaje se basa por tanto en la acción de diversas poblaciones microbianas aerobias constituidas por bacterias, hongos y actinomicetos, que degradan secuencialmente la materia orgánica en presencia de oxígeno generando un producto estable humificado junto con gases, agua y calor como residuos del metabolismo microbiano [142] (Figura 6).

El tipo predominante de microorganismo depende de las condiciones nutricionales y ambientales, en cuyas variaciones intervienen sus propias actividades. El compostaje es, pues, una compleja interacción entre los restos orgánicos, los microorganismos, la aireación y la producción de calor. Es importante entender cómo influyen estos parámetros en el ecosistema microbiano para mejorar la eficiencia del proceso y permitir su control. Este control debe dirigirse tanto a la aceleración de la transformación de la materia orgánica, como a la minimización de cualquier riesgo medioambiental.

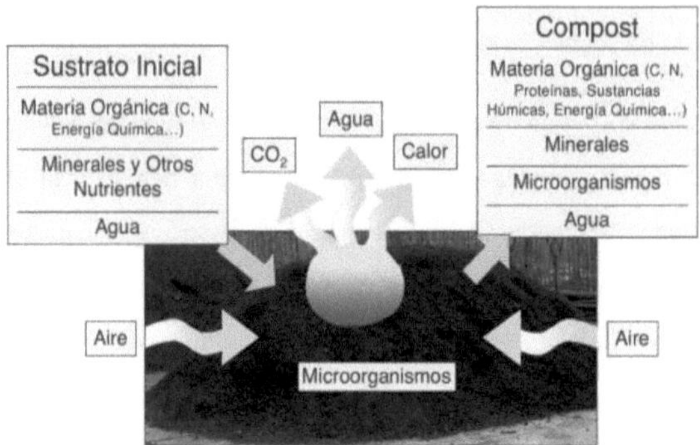


*Figura 6. Esquema general del proceso de compostaje.*

Las variables más importantes que afectan a los sistemas de compostaje pueden ser clasificadas en dos tipos: parámetros de seguimiento (aquellos que han de ser medidos, durante todo el proceso y adecuados, en caso de ser necesario, para que sus valores se encuentren en los intervalos considerados correctos para cada fase del proceso [143] y parámetros relativos a la naturaleza del sustrato (aquellos que han de ser medidos y adecuados a sus valores correctos fundamentalmente al inicio del proceso [144]. Entre los parámetros de seguimiento se encuentran: temperatura, humedad, pH, aireación y espacio de aire libre. Entre los relativos a la naturaleza del sustrato: tamaño de partícula, relaciones C/N y C/P, nutrientes, materia orgánica y conductividad eléctrica. Los valores o intervalos óptimos están influenciados por las condiciones ambientales, el tipo de residuo a tratar y el sistema de compostaje elegido.

# 7. Bibliografía

1. Porta Casanellas J, Reguerín LA, Roquero de Laburu C. Edafologíapara la agricultura y el medio ambiente Tercera edición, Ediciones Mundi-prensa 2003: 929.

2. Doran JW, Parkin TB. Defining and assessing soil quality. Defining soil quality for a sustainable environment 1994, 35: 1-21.

3. Jaramillo DFJ, S. LNP, Santamaria LHG. El recurso suelo en Colombia: distribución y evaluación: Universidad Nacional de Colombia; 1994.

4. Hillel D. Environmental soil physics: Fundamentals, applications, and environmental considerations: Elsevier; 1998.

5. Tarbuck E, Lutgens F. Ciencias de la tierra: Una introducción a la Geología Física. 6ª. Ed. Prentice Hall Iberia S.R.L. Madrid. 572p.1999.

6. Maljean JF, Amlinger F, Bannick CG, Favoino E, Feix I, Leifert I, et al. Land use practices in Europe. In: (Van Camp et al. Eds.) Reports of the Technical Working Groups Established under the Thematic Strategy for Soil Protection. EUR 21319 EN/3 872 pp. Office for Official Publications of the European Communities, Luxembourg. 2004.

7. Sepúlveda TV. Suelos contaminados por metales y metaloides: muestreo y alternativas para su remediación: Instituto Nacional de Ecología; 2005.

8. Contreras-Araneda P. Suelos Contaminados con Hidrocarburos: RNA 16s como Indicador de Impacto. Memoria para obtener el título de Ingeniero Civil en Biotecnología. Universidad de Chile Facultad de Ciencias Físicas y Matemáticas Departamento de Ingeniería Química y Biotecnología. 2005.

9. Oliveira A, Pampulha ME. Effects of long-term heavy metal contamination on soil microbial characteristics. J Biosci Bioeng 2006, 102 (3): 157-161.

10. Perfect E, Kay BD. Relations between aggregate stability and organic components for a silt loam soil. 1990, 70 (4): 731-735.

11. Beare MH, Hendrix PF, Cabrera ML, Coleman DC. Aggregate-Protected and Unprotected Organic Matter Pools in Conventional- and No-Tillage Soils. 1994, 58 (3): 787-795.

12. Hillel D. Introduction to soil physics: Academic press; 2013.

13. Skujins J. History of Abiontic Soils Enzyme Research. In: Burns, R. G. (Ed.), Soil Enzymes. Academic Press, London, pp. 1-49. 1978.

14. Gianfreda L, Bollag J. Influence of natural and anthropogenic factors on enzyme activity in soil. Soil biochemistry 1996, 9: 123-193.

15. Ladd J. Origin and Range of Enzyme in Soil. In: Burns, R. G. (Ed.), Soil Enzymes. Academic Press, London, pp.51-96. 1978.

16. Burns RG. Enzyme activity in soil: Location and a possible role in microbial ecology. Soil Biol Biochem 1982, 14 (5): 423-427.

17. Benitez E, Sainz H, Nogales R. Hydrolytic enzyme activities of extracted humic substances during the vermicomposting of a lignocellulosic olive waste. Bioresour Technol 2005, 96 (7): 785-790.

18. Pascual JA, Garcia C, Hernandez T, Moreno JL, Ros M. Soil microbial activity as a biomarker of degradation and remediation processes. Soil Biol Biochem 2000, 32 (13): 1877-1883.

19. Labud V, Garcia C, Hernandez T. Effect of hydrocarbon pollution on the microbial properties of a sandy and a clay soil. Chemosphere 2007, 66 (10): 1863-1871.

20. Sinsabaugh RS. Enzymic analysis of microbial pattern and process. Biol Fertility Soils 1994, 17 (1): 69-74.

21. Ros M. Recuperación de suelos agrícolas abandonados mediante el reciclaje en los mismos de residuos orgánicos de origen urbano. 2000.

22. Leirós M, Trasar-Cepeda C, Seoane S, Gil-Sotres F. Biochemical properties of acid soils under climax vegetation (Atlantic oakwood) in an area of the European temperate–humid zone (Galicia, NW Spain): general parameters. Soil Biology Biochemistry 2000, 32 (6): 733-745.

23. Trasar-Cepeda C, Camiña F, Leirós M, Gil-Sotres F. An improved method to measure catalase activity in soils. Soil biology biochemistry 1999, 31 (3): 483-485.

24. Nannipieri P, Pedrazzini F, Arcara P, Piovanelli C. Changes in amino acids, enzyme activities, and biomasses during soil microbial growth. Soil Science 1979, 127 (1): 26-34.

25. Eivazi F, Zakaria A. β-Glucosidase activity in soils amended with sewage sludge. Agric, Ecosyst Environ 1993, 43 (2): 155-161.

26. Skujiņš J, Burns R. Extracellular enzymes in soil. CRC critical reviews in microbiology 1976, 4 (4): 383-421.

27. Garcia C, Hernández T. Biological and biochemical indicators in derelict soils subject to erosion. Soil Biology Biochemistry 1997, 29 (2): 171-177.

28. Zamora F, Mogollón JP, Rodríguez N. Cambios en la biomasa microbiana y la actividad enzimática inducidos por la rotación de cultivos en un suelo bajo producción de hortalizas en el estado Falcón, Venezuela. Multiciencias 2005, 5 (1): 62-70.

29. Martínez E, Fuentes JP, Acevedo E. Carbono orgánico y propiedades del suelo. Revista de la ciencia del suelo y nutrición vegetal 2008, 8 (1): 68-96.

30. Joergensen RG, Emmerling C. Methods for evaluating human impact on soil microorganisms based on their activity, biomass, and diversity in agricultural soils. Journal of Plant Nutrition Soil Science 2006, 169 (3): 295-309.

31. Ebersberger D, Wermbter N, Niklaus PA, Kandeler E. Effects of long term $CO_2$ enrichment on microbial community structure in calcareous grassland. Plant Soil 2004, 264 (1): 313-323.

32. Zornoza R, Mataix-Solera J, Guerrero C, Arcenegui V, Mayoral A, Morales J, et al. Soil properties under natural forest in the Alicante Province of Spain. Geoderma 2007, 142 (3-4): 334-341.

33. Bossio DA, Scow KM, Gunapala N, Graham K. Determinants of soil microbial communities: effects of agricultural management, season, and soil type on phospholipid fatty acid profiles. Microbial ecology 1998, 36 (1): 1-12.

34. Frostegård Å, Tunlid A, Bååth E. Phospholipid fatty acid composition, biomass, and activity of microbial communities from two soil types experimentally exposed to different heavy metals. Applied Environmental Microbiology 1993, 59 (11): 3605-3617.

35. Tscherko D, Hammesfahr U, Zeltner G, Kandeler E, Böcker R. Plant succession and rhizosphere microbial communities in a recently deglaciated alpine terrain. Basic applied ecology 2005, 6 (4): 367-383.

36. Petersen SO, Henriksen K, Mortensen G, Krogh P, Brandt K, Sørensen J, et al. Recycling of sewage sludge and household compost to arable land: fate and effects of organic contaminants, and impact on soil fertility. Soil Tillage Researc 2003, 72 (2): 139-152.

37. Zelles L. Fatty acid patterns of phospholipids and lipopolysaccharides in the characterisation of microbial communities in soil: a review. Biology fertility of soils 1999, 29 (2): 111-129.

38. Zornoza R, Guerrero C, Mataix-Solera J, Scow K, Arcenegui V, Mataix-Beneyto J. Changes in soil microbial community structure following the abandonment of agricultural terraces in mountainous areas of Eastern Spain. Applied Soil Ecology 2009, 42 (3): 315-323.

39. Böhme L, Langer U, Böhme F. Microbial biomass, enzyme activities and microbial community structure in two European long-term field experiments. Agriculture, Ecosystems Environment 2005, 109 (1-2): 141-152.

40. Kandeler E, Mosier AR, Morgan JA, Milchunas DG, King JY, Rudolph S, et al. Transient elevation of carbon dioxide modifies the microbial community composition in a semi-arid grassland. Soil Biology Biochemistry 2008, 40 (1): 162-171.

41. Karlen DL, Mausbach M, Doran JW, Cline R, Harris R, Schuman G. Soil quality: a concept, definition, and framework for evaluation (a guest editorial). Soil Sci Soc Am J 1997, 61 (1): 4-10.

42. Singer MJ, Ewing S. Soil Quality. In: Handbook of Soil Science. Chapter 11 ( ed. Summer, M. E), 271-298, CRC Press, Boca Raton, Florida. 2000.

43. Carter MR, Gregorich E, Anderson D, Doran J, Janzen H, Pierce F. Concepts of soil quality and their significance. In: Soil quality for crop production and ecosystem health (eds.

Gregorich, E. G. y Carter, M.). Elsevier Science Publishers, Amsterdam, Netherlands. 1997.

44. Romig DE, Garlynd MJ, Harris RF, McSweeney K. How farmers assess soil health and quality. Journal of soil water conservation 1995, 50 (3): 229-236.

45. Larson W, Pierce F, editors. Conservation and enhancement of soil quality. Evaluation for sustainable land management in the developing world: proceedings of the International Workshop on Evaluation for Sustainable Land Management in the Developing World, Chiang Rai, Thailand, 15-21 September 1991; 1991: [Bangkok, Thailand: International Board for Soil Research and Management, 1991].

46. Parr J, Papendick R, Hornick S, Meyer R. Soil quality: attributes and relationship to alternative and sustainable agriculture. Am J Alternative Agric 1992: 5-11.

47. Arshad M, Coen G. Characterization of soil quality: physical and chemical criteria. Am J Alternative Agric 1992: 25-31.

48. Dumanski J, Gameda S, Pieri C, Agriculture, Canada A-F. Indicators of land quality and sustainable land management: an annotated bibliography: The World Bank; 1998.

49. Adriaanse A. Environmental Policy Performance Indicators: A Study on the Development of Indicators for Environmental Policy in the Netherland: SDU Uitgevery; 1993.

50. SQI. Soil Quality Institute. Indicators for Soil Quality Evaluation. USDA. Natural Resources Conservation Service. Prepared by the National Soil Survey Center. 1996.

51. Seybold C, Mausbach M, Karlen D, Rogers H. Quantification of Soil Quality. In: Soil Process and the Carbon Cycle (eds. Lal, R., Kimble, J. M., Follet, R. F. y Stewart, B. A.), pp. 387-403, CRC Press, Boca Raton, Florida. 1997.

52. Sparling GP. Soil Microbial Biomass, Activity and Nutrient cycling, as Indicators of Soil Health. In: Biological Indicators of Soil Health (Pankhurts, C. E., Doube, B. M. y Gupta, V. S. R., eds): 97-105, Cab International, Oxon, UK. 1997.

53. Cosentino D, Costantini A. Evaluación de algunas formas de carbono como indicadores de degradación en Argiudoles vérticos de Entre Ríos, Argentina. Rev. Fac. de Agronomia 2000, 20: 31-34.

54. Rosell RA. Materia orgánica, fertilidad de suelos y productividad de cultivos. Procedd. XIV Congreso Latinoamericano de la Ciencia del Suelo. Pucón, Chile. 1999.

55. Aguilera SM. Importancia de la protección de la materia orgánica en suelos. Simposio Proyecto Ley Protección de Suelo. Boletín N° 14. Valdivia, Chile, p. 77–85. 2000.

56. Galantini JA. Contenido y calidad de las fracciones orgánicas del suelo bajo rotaciones con trigo en la región semiárida pampeana. INTA, Argentica. RIA, 30:125-146. 2002.

57. Hayes MH, Clapp CE. Humic substances: considerations of compositions, aspects of structure, and environmental influences. Soil Science 2001, 166 (11): 723-737.

58. Simpson AJ, Song G, Smith E, Lam B, Novotny EH, Hayes MH. Unraveling the structural components of soil humin by use of solution-state nuclear magnetic resonance spectroscopy. Environmental Science Technology 2007, 41 (3): 876-883.

59. Wander MM, Walter GL, Nissen TM, Bollero GA, Andrews SS, Cavanaugh-Grant DA. Soil quality: science and process. Agron J 2002, 94 (1): 23-32.

60. Carter MR. Soil quality for sustainable land management: organic matter and aggregation interactions that maintain soil functions. Agron J 2002, 94 (1): 38-47.

61. Acevedo E, Martínez E. Sustentabilidad en Cultivos Anuales. Santiago, Universidad de Chile, Serie Ciencias Agronómicas. 2003, (8): 13-25.

62. Sanchez JE, Harwood RR, Willson TC, Kizilkaya K, Smeenk J, Parker E, et al. Managing soil carbon and nitrogen for productivity and environmental quality. Agron J 2004, 96 (3): 769-775.

63. Bauer A, Black A. Quantification of the effect of soil organic matter content on soil productivity. Soil Sci Soc Am J 1994, 58 (1): 185-193.

64. Moreno I, Orioli G, Bonadeo E, Marzari R. Dinámica de C y N en suelos bajo diferentes usos. Proceed. X I V Congreso Latinoamericano de la Ciencia del Suelo. Pucón, Chile 1999.

65. Robert M. Le sol. Interface dans l'environnement, ressource pour le développement: Elsevier Mason SAS; 1996.

66. Loveland P, Webb J. Is there a critical level of organic matter in the agricultural soils of temperate regions: a review. Soil Tillage research 2003, 70 (1): 1-18.

67. Holland J. The environmental consequences of adopting conservation tillage in Europe: reviewing the evidence. Agriculture, ecosystems environment 2004, 103 (1): 1-25.

68. Kätterer T, Andrén O. Long-term agricultural field experiments in Northern Europe: analysis of the influence of management on soil carbon stocks using the ICBM model. Agriculture, ecosystems environment 1999, 72 (2): 165-179.

69. Sperow M, Eve M, Paustian K. Potential soil C sequestration on US agricultural soils. Clim Change 2003, 57 (3): 319-339.

70. Solomon S, editor IPCC (2007): Climate change the physical science basis. Agu fall meeting abstracts; 2007.

71. Lal R. Soil carbon sequestration to mitigate climate change. Geoderma 2004, 123 (1-2): 1-22.

72. Lal R. Sequestering carbon in soils of arid ecosystems. Land Degradation Development 2009, 20 (4): 441-454.

73. Jackson ML. Análisis químico de suelos (Traducido por J. Beltrán). Ediciones Omega, S. A. Barcelona, España. 662 p. 1964.

74. Díaz-Hernández JL, Fernández EB, González JL. Organic and inorganic carbon in soils of semiarid regions: a case study from the Guadix–Baza basin (Southeast Spain). Geoderma 2003, 114 (1-2): 65-80.

75. Post WM, Emanuel WR, Zinke PJ, Stangenberger AG. Soil carbon pools and world life zones. Nature 1982, 298 (5870): 156-159.

76. Swift R. Sequestration of carbon by soil. Soil Science 2001, 166: 858-871.

77. Schlesinger WH. Evidence from chronosequence studies for a low carbon-storage potential of soils. Nature 1990, 348 (6298): 232-234.

78. Gifford R. The global carbon cycle: a viewpoint on the missing sink. Funct Plant Biol 1994, 21 (1): 1-15.

79. FAO. Soil carbon sequestration for improved land management. World soil reports 96. Rome, 58 p. 2001.

80. Fortin MC, Rochette P, Pattey E. Soil carbon dioxide fluxes from conventional and no-tillage small-grain cropping systems. Soil Sci Soc Am J 1996, 60 (5): 1541-1547.

81.	Juma NG. Interrelationships between soil structure/texture, soil biota/soil organic matter and crop production.  Soil Structure/Soil Biota Interrelationships: Elsevier; 1993. p. 3-30.

82.	Christensen BT. Carbon in primary and secondary organo-mineral complexes. In: Carter, M. R., Stewart, B.A. (eds) Structure and organic matter storage in agricultural soils. CRC Press, Boca Raton, Adv Soil Sci, pp. 97-165.  1996.

83.	Tisdall JM. Crop establishment-a serious limitation to high productivity. Soil Tillage Research 1996, 1 (40): 1-2.

84.	Kaiser K, Guggenberger G. Mineral surfaces and soil organic matter. Eur J Soil Sci 2003, 54 (2): 219-236.

85.	Kalbitz K, Schwesig D, Rethemeyer J, Matzner E. Stabilization of dissolved organic matter by sorption to the mineral soil. Soil Biology Biochemistry 2005, 37 (7): 1319-1331.

86.	Six J, Jastrow JD. Organic matter turnover. Encyclopedia of soil science 2002, 10.

87.	Pulleman M, Marinissen J. Physical protection of mineralizable C in aggregates from long-term pasture and arable soil. Geoderma 2004, 120 (3-4): 273-282.

88.	Six J, Elliott E, Paustian K. Soil structure and soil organic matter II. A normalized stability index and the effect of mineralogy. Soil Sci Soc Am J 2000, 64 (3): 1042-1049.

89.	Larney FJ, Janzen HH, Olson BM, Olson AF. Erosion–productivity–soil amendment relationships for wheat over 16 years. Soil tillage research 2009, 103 (1): 73-83.

90.	Nicolás C, Hernández T, García C. Organic amendments as strategy to increase organic matter in particle-size fractions of a semi-arid soil. Applied Soil Ecology 2012, 57: 50-58.

91.	García C. Estudio del compostaje de residuos orgánicos. Valoración Agrícola. Tesis Doctoral. Universidad de Murcia, Murcia.  1990.

92.	Pascual J, Garcia C, Hernandez T, Ayuso M. Changes in the microbial activity of an arid soil amended with urban organic wastes. Biology Fertility of soils 1997, 24 (4): 429-434.

93.	Caravaca F, Garcia C, Hernández M, Roldán A. Aggregate stability changes after organic amendment and mycorrhizal inoculation in the afforestation of a semiarid site with Pinus halepensis. Applied Soil Ecology 2002, 19 (3): 199-208.

94.	Garcia C, Roldan A, Hernandez T. Ability of different plant species to promote microbiological processes in semiarid soil. Geoderma 2005, 124 (1-2): 193-202.

95.	Van Noordwijk M, Schoonderbeek D, Kooistra M. Root—soil contact of field-grown winter wheat.  Soil Structure/Soil Biota Interrelationships: Elsevier; 1993. p. 277-286.

96.	Ruiz T, Febles G. La desertificación y la sequía en el mundo. Avances en Investigación Agropecuaria 2004, 8 (2).

97.	González-Quiñones V. Metodología, formulación y aplicación de un índice de calidad de suelos con fines agrícolas para Castilla-La Mancha. Tesis Doctoral. Madrid.  2006.

98.	Gabriels D, Gisbert JM, López Bermúdez F, Mannaerts C, Marco J, Morgan RPC, et al. Desertification and Water Resources in the European Community. European Parliament. Scientific and Technological Options Assessment (STOA). Directorate General for Research. Luxenibourg, 372 pp. 1993.

99.	López-Bermúdez F. Desertificación: factores y procesos)). En Teledetección en el seguimiento de los fetlómenos naturales. Climatología y Desertijicación. S. Gandía y J.

Meliá, Editores. Universitat de Valencia. Departament de Termodinhmica. Valencia, pp. 183-204. 1993.

100. Pérez-Trejo F. Desertization and Land Degradation in the European Mediterranean. European Commission. EPOCH programme. DG-XII. EUR 14850 EN. Brussels, 63 pp. 1994.

101. Porta J, López-Acevedo M, Roquero C. Edafología para la Agricultura y el Medio Ambiente. Ediciones Mundi-Prensa. Madrid, 807 pp. 1994.

102. Zalidis G, Stamatiadis S, Takavakoglou V, Eskridge K, Misopolinos N. Impacts of agricultural practices on soil and water quality in the Mediterranean region and proposed assessment methodology. Agriculture, Ecosystems Environment 2002, 88 (2): 137-146.

103. Dunjó G, Pardini G, Gispert M. Land use change effects on abandoned terraced soils in a Mediterranean catchment, NE Spain. Catena 2003, 52 (1): 23-37.

104. Dick-Peddie WA. Semiarid and arid lands: a worldwide scope. Pages 3-32. In: J. Skujins, editor. Semiarid lands and deserts: soil resource and reclamation. Marcel Dekker, New York, New York USA. 1991.

105. López-Bermúdez F, Albaladejo J. Factores ambientales de la degradación del suelo en el área mediterránea. Degradación y regeneración del suelo en condiciones ambientales mediterráneas 1990, 15: 45.

106. Zdruli P, Jones RJA, Montanarella L. Organic matter in the soils of Southern Europe. European Soil Bureau Research Report Nº 15. OOP EC, EUR 21083 EN Luxembourg. 2004.

107. Garcia C, Hernandez T, Barahona A, Costa F. Organic matter characteristics and nutrient content in eroded soils. Environ Manage 1996, 20 (1): 133-141.

108. Riquier J. A mathematical model for calculation of agricultural productivity in terms of parameters of soil and climate. FAO AGL: Misc:72/14. 1972.

109. Verheye W. Principles of land appraisal and land use planning within the European Community. Soil Use Management 1986, 2 (4): 120-124.

110. De La Rosa D, Almorza J, Cardona F. Evaluación paramétrica de suelos para usos agrícolas: I. Análisis de variables. Agrochimica. 1977.

111. De La Rosa D, Cardona F, Almorza J. Models of mathematical simulation for agricultural soil evaluation. 9tb Int. Cong. of Agr. Eng., East Lansing. 1977.

112. Moreira RdA, Ainouz IL, Oliveira JTAd, Cavada BS. Plant lectins, chemical and biological aspects. Mem Inst Oswaldo Cruz 1991, 86: 211-218.

113. Tiessen H, Cuevas E, Chacon P. The role of soil organic matter in sustaining soil fertility. Nature 1994, 371 (6500): 783-785.

114. Baldock JA, Nelson PN. Soil organic matter. In: Handbook of Soil Science. CRC Press, Boca Raton, FL, USA, B25-B84. 2000.

115. Saviozzi A, Bufalino P, Levi-Minzi R, Riffaldi R. Biochemical activities in a degraded soil restored by two amendments: a laboratory study. Biology Fertility of Soils 2002, 35 (2): 96-101.

116. Randhawa PS, Condron LM, Di HJ, Sinaj S, McLenaghen RD. Effect of green manure addition on soil organic phosphorus mineralisation. Nutrient Cycling in Agroecosystems 2005, 73 (2): 181-189.

117. Ros M, Hernandez M, García C. Bioremediation of soil degraded by sewage sludge: effects on soil properties and erosion losses. Environ Manage 2003, 31 (6): 741-747.

118. Tejada M, Hernandez M, Garcia C. Soil restoration using composted plant residues: Effects on soil properties. Soil Tillage Research 2009, 102 (1): 109-117.

119. Tisdell SE, Breslin VT. Characterization and leaching of elements from municipal solid waste compost. Wiley Online Library, 1995 0047-2425.

120. Anikwe M, Nwobodo K. Long term effect of municipal waste disposal on soil properties and productivity of sites used for urban agriculture in Abakaliki, Nigeria. Bioresour Technol 2002, 83 (3): 241-250.

121. Pigozzo ATJ, Lenzi E, Luca Junior Jd, Scapim CA, Costa ACSd. Transition metal rates in latosol twice treated with sewage sludge. Brazilian Archives of Biology Technology 2006, 49 (3): 515-526.

122. Pérez DV, Alcantara S, Ribeiro CC, Pereira R, Fontes GCd, Wasserman M, et al. Composted municipal waste effects on chemical properties of a Brazilian soil. Bioresour Technol 2007, 98 (3): 525-533.

123. Stevenson FJ. Humus chemistry: Genesis, Composition, Reactions. Wiley Interscience Publications. John Wiley and Sons, New York. Chapter 2, p. 26-54. 1982.

124. Roldán A, Albaladejo J, Thornes J. Aggregate stability changes in a semiarid soil after treatment with different organic amendments. Arid Land Research Management 1996, 10 (2): 139-148.

125. García-Orenes F, Guerrero C, Mataix-Solera J, Navarro-Pedreño J, Gómez I, Mataix-Beneyto. Factors controlling the aggregate stability and bulk density in two different degraded soils amended with biosolids. Soil Tillage Research 2005, 82 (1): 65-76.

126. Cuevas J, Seguel O, Ellies Sch A, Dörner J. Efectos de las enmiendas orgánicas sobre las propiedades físicas del suelo con especial referencias a la adición de lodos urbanos. Revista de la ciencia del suelo y nutrición vegetal 2006, 6 (2): 1-12.

127. Abiven S, Menasseri S, Chenu C. The effects of organic inputs over time on soil aggregate stability–A literature analysis. Soil Biology Biochemistry 2009, 41 (1): 1-12.

128. Mabuhay J, Nakagoshi N, Isagi Y. Microbial responses to organic and inorganic amendments in eroded soil. Land Degradation Development 2006, 17 (3): 321-332.

129. Hernando S. Aprovechamiento de residuos sólidos urbanos como fuente de materia orgánica y sus efectos sobre las propiedades físicas y químicas del suelo. Tesis Doctoral. Universidad Autónoma de Madrid. 1988.

130. Weber J, Karczewska A, Drozd J, Licznar M, Licznar S, Jamroz E, et al. Agricultural and ecological aspects of a sandy soil as affected by the application of municipal solid waste composts. Soil Biology Biochemistry 2007, 39 (6): 1294-1302.

131. Díaz E. Efecto de la adición de residuos urbanos en la regeneración de suelos degradados como medio de control de la desertificación. Tesis Doctoral, Universidad de Murcia. 1992.

132. López-Piñeiro A, Murillo S, Barreto C, Muñoz A, Rato JM, Albarrán A, et al. Changes in organic matter and residual effect of amendment with two-phase olive-mill waste on degraded agricultural soils. Sci Total Environ 2007, 378 (1-2): 84-89.

133. Adani F, Genevini P, Tambone F, Montoneri E. Compost effect on soil humic acid: a NMR study. Chemosphere 2006, 65 (8): 1414-1418.

134. Tejada M, Hernandez M, Garcia C. Application of two organic amendments on soil restoration: effects on the soil biological properties. Journal of Environmental Quality 2006, 35 (4): 1010-1017.

135. Nannipieri P, Grego S, Ceccanti B. Ecological significance of the biological activity in soils. In: Bollag, J.M., Stotzky, G (Eds.). Soil biochemistry, 293-355. 1990.

136. Perucci P. Effect of the addition of municipal solid-waste compost on microbial biomass and enzyme activities in soil. Biology Fertility of Soils 1990, 10 (3): 221-226.

137. Garcia C, Hernandez T, Costa F. Microbial activity in soils under Mediterranean environmental conditions. Soil Biology Biochemistry 1994, 26 (9): 1185-1191.

138. Antolín MC, Pascual I, García C, Polo A, Sánchez-Díaz M. Growth, yield and solute content of barley in soils treated with sewage sludge under semiarid Mediterranean conditions. Field Crops Res 2005, 94 (2-3): 224-237.

139. Holgado A, Columela L. De trabajos de campo, Ministerio de Agricultura Pesca y Alimentación. Ed. Siglo XXI de España, Madrid 1988.

140. Helynen S. Overview of European Policies and Directives aimed at promoting energy from wood biomass. Future Issues for Forest Industries in Europe 2004, 28.

141. Fitzpatrick GE, Worden EC, Vendrame WA. Historical development of composting technology during the 20th century. HortTechnology 2005, 15 (1): 48-51.

142. Nakasaki K, Nag K, Karita S. Microbial succession associated with organic matter decomposition during thermophilic composting of organic waste. Waste Management Research 2005, 23 (1): 48-56.

143. Jeris JS, Regan RW. Controlling environmental parameters for optimum composting. Compost Science 1973.

144. Madejón E, Díaz MJ, López R, Cabrera F. Co-composting of sugarbeet vinasse: influence of the organic matter nature of the bulking agents used. Bioresour Technol 2001, 76 (3): 275-278.

# I want morebooks!

Buy your books fast and straightforward online - at one of world's fastest growing online book stores! Environmentally sound due to Print-on-Demand technologies.

Buy your books online at
**www.morebooks.shop**

¡Compre sus libros rápido y directo en internet, en una de las librerías en línea con mayor crecimiento en el mundo! Producción que protege el medio ambiente a través de las tecnologías de impresión bajo demanda.

Compre sus libros online en
**www.morebooks.shop**

Printed by Books on Demand GmbH, Norderstedt / Germany